中国高等学校计算机科学与技术专业（应用型）规划教材

丛书主编 陈明

网页设计与网站规划

曾海 吴君胜 主编
钟彩虹 梁国文 副主编

清华大学出版社

北京

内 容 简 介

本书从实践出发,对网站的规划和网页设计进行了较系统、较全面的介绍。网页设计部分主要包括网页设计概述、网页的版面设计、网页的色彩应用、网页各组成部分的设计与制作、网页中按钮的制作及应用,以及使用 Photoshop 优化网页。网站规划部分主要包括网站概述、网站规划以及网站设计。本书内容涵盖网页设计与网站规划,共分 10 章,书中所有实例都贯彻了理论指导实践的思想,综合实例章节还配有完整的设计实例。实例讲解详细,而且实用、可行,都是学生能够学会和掌握的,通过本书的学习,学生能够掌握实实在在的网站建设技能。

本书是作者多年教学实践成果的汇集、提炼,同时参考了许多国内外的文献。本书还配有相应的教学辅助课件以及相关设计文件、素材,需要者可在清华大学出版社网站(www. tup. tsinghua. edu. cn)下载。

图书在版编目(CIP)数据

网页设计与网站规划/曾海,吴君胜主编 . —北京:清华大学出版社,2011.5
(中国高等学校计算机科学与技术专业(应用型)规划教材)
ISBN 978-7-302-24925-2

Ⅰ. ①网… Ⅱ. ①曾… ②吴… Ⅲ. ①网站—开发—高等学校—教材 ②网页制作工具—高等学校—教材 Ⅳ. ①TP393.092

中国版本图书馆 CIP 数据核字(2011)第 039011 号

责任编辑:谢 琛 李 晔
责任校对:时翠兰
责任印制:李红英

出版发行:	清华大学出版社	地 址:	北京清华大学学研大厦 A 座	
	http://www.tup.com.cn	邮 编:	100084	
社 总 机:	010-62770175	邮 购:	010-62786544	
投稿与读者服务:	010-62795954,jsjjc@tup. tsinghua. edu. cn			
质 量 反 馈:	010-62772015,zhiliang@tup. tsinghua. edu. cn			

印 刷 者:三河市君旺印刷厂
装 订 者:三河市新茂装订有限公司
经 销:全国新华书店
开 本:185×260 印 张:17.5 字 数:423 千字
版 次:2011 年 5 月第 1 版 印 次:2011 年 5 月第 1 次印刷
印 数:1~4000
定 价:28.00 元

产品编号:036610-01

编委会

序言

应用是推动学科技术发展的原动力,计算机科学是实用科学,计算机科学技术广泛而深入的应用推动了计算机学科的飞速发展。应用型创新人才是科技人才的一种类型,应用型创新人才的重要特征是具有强大的系统开发能力和解决实际问题的能力。培养应用型人才的教学理念是教学过程中以培养学生的综合技术应用能力为主线,理论教学以够用为度,所选择的教学方法与手段要有利于培养学生的系统开发能力和解决实际问题的能力。

随着我国经济建设的发展,对计算机软件、计算机网络、信息系统、信息服务和计算机应用技术等专业技术方向的人才的需求日益增加,主要包括:软件设计师、软件评测师、网络工程师、信息系统监理师、信息系统管理工程师、数据库系统工程师、多媒体应用设计师、电子商务设计师、嵌入式系统设计师和计算机辅助设计师等。如何构建应用型人才培养的教学体系以及系统框架,是从事计算机教育工作者的责任。为此,中国计算机学会计算机教育专业委员会和清华大学出版社共同组织启动了《中国高等学校计算机科学与技术专业(应用型)学科教程》的项目研究。参加本项目的研究人员全部来自国内高校教学一线具有丰富实践经验的专家和骨干教师。项目组对计算机科学与技术专业应用型学科的培养目标、内容、方法和意义,以及教学大纲和课程体系等进行了较深入、系统的研究,并编写了《中国高等学校计算机科学与技术专业(应用型)学科教程》(简称《学科教程》)。《学科教程》在编写上注意区分应用性人才与其他人才在培养上的不同,注重体现应用型学科的特征。在课程设计中,《学科教程》在依托学科设计的同时,更注意面向行业产业的实际需求。为了更好地体现《学科教程》的思想与内容,我们组织编写了《中国高等学校计算机科学与技术专业(应用型)规划教材》,旨在能为计算机专业应用型教学的课程设置、课程内容以及教学实践起到一个示范作用。本系列教材的主要特点如下:

1. 完全按照《学科教程》的体系组织编写本系列教材,特别是注意在教材设置、教材定位和教材内容的衔接上与《学科教程》保持一致。

2. 每门课程的教材内容都按照《学科教程》中设置的大纲精心编写,尽量体现应用型教材的特点。

3. 由各学校精品课程建设的骨干教师组成作者队伍,以课程研究为基础,将教学的研究成果引入教材中。

4. 在教材建设上,重点突出对计算机应用能力和应用技术的培养,注重教材的实践性。

5. 注重系列教材的立体配套,包括教参、教辅以及配套的教学资源、电子课件等。

高等院校应培养能为社会服务的应用型人才,以满足社会发展的需要。在培养模式、教学大纲、课程体系结构和教材都应适应培养应用型人才的目标。教材体现了培养目标和育人模式,是学科建设的结晶,也是教师水平的标志。本系列教材的作者均是多年从事计算机科学与技术专业教学的教师,在本领域的科学研究与教学中积累了丰富的经验,他们将教学研究和科学研究的成果融入教材中,增强了教材的先进性、实用性和实践性。

目前,我们对于应用型人才培养的模式还处于探索阶段,在教材组织与编写上还会有这样或那样的缺陷,我们将不断完善。同时,我们也希望广大应用型院校的教师给我们提出更好的建议。

《中国高等学校计算机科学与技术专业(应用型)规划教材》主编

陈明

2008 年 7 月

前　言

近年来，随着网络成为主流媒体的重要组成部分，网站建设发展迅速，网页设计的相关技术和软件的功能也不断地更新和快速地提升。一个网站的建设基于一个网站的规划，一个网站的规划建立在各种各样的需求之上，根据需求设计一个有特点的网站并不是随便设计就可以做到的，建站前的网站规划和建站时的网页设计实际上是一项软件工程，网站的成功与否和建站前的网站规划有着极为重要的关系。

"网页设计与网站规划"课程是计算机、多媒体专业的主要课程之一，是一门集技术、艺术、工程实践于一体的课程，其内容包括网页设计和网站规划两大主体内容。本书是专门为"网页设计与网站规划"课程编写的教材，其内容选取符合教学大纲要求，比较全面、系统地反映了网页设计与网站规划课程的全貌，理论与实践相结合，既注重理论知识，又讲解实用的技术应用。使得学生通过本课程的学习，可以掌握网页设计和网站规划的基本知识，能利用当前最流行的 Dreamweaver CS4 和 Photoshop CS4 等专业的软件工具进行网页设计与美工设计，学会撰写网站策划书，培养训练实际工作的能力。

本教材根据课程的教学要求共分为 10 章。第 1 章主要介绍网页设计的环境和基本流程，并讲解了网页的基本概念；第 2 章讲解网页的版面设计相关原则；第 3 章详细讲解色彩在网页设计中的应用；第 4 章和第 5 章介绍了网页的各个组成部分和按钮的制作及应用；第 6 章讲解如何利用 Photoshop 优化网页；第 7 章介绍网站基础知识；第 8 章至第 9 章介绍了网站的规划和设计的过程和方法，了解网站策划书撰写的要点；第 10 章讲解了运用前 9 章的知识制作综合实例，实用性极强。本教材还由浅入深、从易到难地介绍了 After Effects 的高级应用技巧，具有典型性和代表性。我们为教师授课和读者自学提供了本书案例中使用的素材，读者可以从清华大学出版社网站下载使用。

本教材讲授可安排 50～60 学时。教师可根据学时、专业和学生的实际情况安排教学。本教材文字通俗、简明易懂、便于自学，也可供从事计算机特效合成等工作的专业人员或爱好者参考。

本教材由广州市广播电视大学曾海副教授、吴君胜老师担任主编并组织编写，广州市广播电视大学钟彩虹老师、广州市轻工技师学院梁国文老师担任副主编。在编写过程中得到了众多专家和学者的支持，参与本书编写、整理、资料搜集工作的有屈军、陈刚、潘志钊、傅华和邓碧琴老师。

由于作者水平有限，热忱欢迎广大师生、读者批评指正。

编者于广州麓湖

2010 年 12 月

目录

第1章 网页设计概述

本章知识点

- 网页的技术环境
- 媒体环境
- 设计流程

本章学习目标

- 了解网页的技术环境
- 了解媒体环境
- 掌握设计流程

随着互联网知识的普及,人们的生活日益与网络联系在了一起,越来越多的人认识到网页设计的重要性。一个网站可以是一个公司或一个人的网上名片。当网站代表一个公司的时候,可以通过吸引更多浏览者的方式,创造更多的商业机会,促进公司更多的产品和服务的最终销售,有利于获得更多的投资回报率。

网页设计是指平面设计的视觉艺术效果运用和网络技术实现的有机结合。设计精良的网页具有很强的视觉效果、互动性、互操作性、受众面广等其他媒体所不具有的特点,成为区别于报刊、影视的一个新媒体。它既拥有传统媒体的优点,同时又使信息传播变得更为直观、便捷、高效;为了适应当今时代发展的要求,必须增加艺术设计院校的网页设计课程;为了更好地体现网页这一新型设计的特点,将它和传统媒体进行比较,了解它的优势所在;一个成功的网页设计,首先在思想上要确立动态的思维方式,其次,要有效地将图形引入网页设计之中,增加人们浏览网页的兴趣,在崇尚鲜明个性风格的今天,网页设计应增加个性化因素。

1.1 网页的技术环境

所谓网页的技术环境是指制作网页可使用的软件,及这些软件的水平和发展的动向。本节介绍制作网页过程中常用到的编辑软件,网页图片处理常用软件,制作动画的处理软件,以及一些较为实用的小软件。本书只提供这些软件的大概功用及优势,至于如何操作应用,读者可以找专门的教材来学习。

1.1.1 网页编辑软件

网页编辑软件非常多,随着技术的不断发展,针对不同技术脚本的软件应运而生,目前流行的网页制作软件有如下几个。

1. FrontPage

FrontPage 是微软公司(Microsoft)开发的一套用来创建互联网站的软件包。它提供使站点保持最新和无错状态所需的工具。使用者可以很容易地管理网站的内容、超链接、页面和发布,所有这一切全都通过一个简单的界面来完成。

FrontPage 也是所见即所得网页制作软件中的佼佼者。即使你不具备写作网页的基础,也不懂 HTML 语言,也可在短时间之内整合构成网页的文字、图像、声音和其他元素,制作出一幅亮丽的网页。作为网页制作的初学者,"所见即所得"的方式使软件很容易上手。

2. Dreamweaver

Dreamweaver 是 Macromedia 公司推出的可视化网页制作工具,后来被 Adobe 公司收购,是较受网页设计人员欢迎的网页制作软件之一。

它是可视化的网页编辑软件,能快速地创建极具动感的网页,还提供了强大的网站管理功能。许多专业的网站设计人员都将 Dreamweaver 作为创建网站的首选工具。

使用网站地图可以快速制作出网站雏形,设计、更新和重组网页。改变网页位置或档案名称,Dreamweaver 会自动更新所有链接。使用支援文字、HTML 码、HTML 属性标签和一般语法的搜寻及置换功能使得复杂的网站更新变得迅速又简单。

1.1.2 图像处理软件

做网页需要一定的平面设计基础。如果设计者只会写程序,没有一定的平面设计功底,即便程序编写得再好,没有美观的界面为依托,还是没有人愿意来浏览所做的网页。

1. Photoshop

Photoshop 是美国 Adobe 公司出品的软件,它的功能完善,性能稳定,在图像编辑、修改制作,网站设计等方面得到广泛应用。该软件在 Web 的应用方面主要用于创建网页上使用的图像文件;在桌面出版方面主要用于创建用于印刷的图像作品等。

Photoshop 除了属于网页编辑软件,更是一款强大的图片处理软件,用 Photoshop 制作出的网页更加精细。

2. Fireworks

Fireworks 是由 Macromedia 公司开发的网页制作软件,现在属于 Adobe 公司,在绘图方面 Fireworks 结合了位图以及矢量图处理的特点,不仅具备复杂的图像处理功能,并且还能轻松地把图形输出到 Flash、Dreamweaver 以及第三方的应用程序。

3. ACDSee

ACDSee 是目前最流行的数字图像处理软件,它提供了良好的操作界面,简单人性化的操作方式,优质的快速图形解码方式和强大的图形文件管理功能等,还支持丰富的图形格式。

4. Image Ready

Image Ready 是由 Adobe 公司开发的,以处理网络图形为主的图像编辑软件。如果 Photoshop 是网页设计专用图像工具的话,Image Ready 就会被完全吸收在 Photoshop 中,就不会有独立运行的软件形式。因为 Photoshop 也应用在网页设计之外的许多领域,所以不能完全为了网页设计而优化,于是独立制作了 Image Ready 这样一个针对网络设计的软件。利用 Image Ready 可以将 Photoshop(简称 PS)的图像操作最优化,使其更适合网页设计,也可以通过分割图像自动制作 HTML 文档,还可以制作简单的 GIF 动画,它是专门的网络图像处理工具。综合来看,Image Ready 是个很有特色的产品,对网页设计者来说是个不错的选择。

1.1.3　动画制作软件

网页的动画一般分为两种,即 GIF 动画和 Flash 动画。这两种动画都可以通过 Flash 软件来完成,而 GIF 动画有很多种工具可以实现,Flash 的文字动画也有专门的工具,这些工具对于想做出好的动画,又不能熟练使用 Flash 上网制作者提供了极大的方便。下面就一些常用工具简要地做一下介绍。

1. Flash

Flash 是美国的 Macromedia 公司于 1999 年 6 月推出的优秀网页动画设计软件。它是一种交互式动画设计工具,用它可以将音乐、声效、动画以及富有新意的界面融合在一起,以制作出高品质的网页动态效果。Macromedia 开发的 Dreamweaver、Fireworks、Flash 被称为"网页三剑客",后来均被 Adobe 公司收购。

2. 硕思闪客之锤

硕思闪客之锤是一款具有专业水准的动画制作工具。它支持图形设计、运动动画、引导线、遮罩效果、流声音和事件声音、帧标记、设置电影剪辑、按钮等符号。

3. 硕思闪客巫师

硕思闪客巫师是一种可以快速创建专业的 Flash 按钮的便捷工具。它提供了 200 多个设计精美的模板和大量精心挑选的矢量图、背景图、mp3 和 Wav 声音效果。在这里不需要专业的美术设计技术,只需要简单地拖拉就可以设计出各种各样的按钮、导航条、Logo 等效果。

4. GIF 动画制作软件 GIF Movie Gear 3.0

GIF Movie Gear 3.0 是一款 GIF 动画制作软件,几乎拥有所有制作 GIF 动画的编辑功能,无须再用其他的图形软件辅助。

1.1.4　其他相关工具软件

在制作网页过程中,常常需要做一些特殊处理,这时一些小工具软件就可以帮忙,简便地做出一些特别的效果。下面介绍几个常用的小工具软件。

1. Just Button

Just Button 是个傻瓜型的按钮制作工具,用户没必要有丰富的专业知识,只要选择软件提供的各式各样的按钮颜色和式样,再简单地加入按钮上面的文件就行了。

2. 有声有色

"有声有色"集合了 458 个十分精彩的 JavaScript 小程序,真正做到了与特效源程序相融合,每一个特效制作窗口均为可视化制作界面,所有特效操作只需要用户轻轻点几下鼠标就可以完成！独特的特效自动插入功能,可以将特效自动插入到网页中;内码转换功能可以帮用户在繁体中文(BIG5)与简体中文(GB2312)之间转换;网页压缩功能可以压缩网页大小,而不影响正常浏览,减少网页下载时间;屏幕取色功能,可以获取计算机屏幕上显示的任何一种颜色;即时预览功能可以使用户即时预览所制作的特效。

3. 网页特效魔法师

"网页特效魔法师"是一个可以自动生成网页特效的软件,收集了包括时间特效、文字特效、图形图像处理、鼠标特效、页面特效、"小甜饼"、在线游戏、其他特效在内的 8 类共 62 个特效。这些特效都是使用率比较高的 JavaScript 代码,可以直接使用。软件还提供了智能化的网页特效制作向导,用户可以在向导的指导下一步一步地制作自己的网页特效,在进行每一步操作时,软件都会给出提示信息,指导用户操作。软件还内置了浏览器,用户可以随时预览特效效果;特效制作好之后,可以把它复制到剪贴板,或者保存到文件中。软件的界面美观新颖,操作简单明了,极易上手。

4. 网友减肥茶

网友减肥茶可以将网页文件压缩,最大可压缩至原大小的 50%,压缩后可直接读取,与压缩前完全一样,压缩后可以根据需要进行还原。

1.2 网页的媒体环境

网页的媒体环境,指的是网页传播媒介的环境。网页主要运用在互联网、移动设备、移动电视、数字娱乐、触摸媒体等方面,这些方面基本上都是通过网络来链接的。

除互联网外,现在手机的影响力也在日益上升。互联网主要是以 WWW 的网页为主,手机主要是以 WAP 的网页为主。

1.2.1 互联网的发展

Internet 发展经历了研究网、运行网和商业网 3 个阶段。至今,全世界没有人能够知道Internet 的确切规模。Internet 正以当初人们始料不及的惊人速度向前发展,今天的Internet 已经从各个方面逐渐改变了人们的工作和生活方式。人们可以随时从网上了解当天最新的天气信息、新闻动态和旅游信息,可看到当天的报纸和最新杂志,可以足不出户在家里炒股、网上购物、收发电子邮件、享受远程医疗和远程教育等。Internet 的意义并不在于它的规模,而在于它提供了一种全新的全球性的信息基础设施。Internet 已经构成全球信息高速公路的雏形和未来信息社会的蓝图。纵观 Internet 的发展史,可以看出 Internet 的发展趋势主要表现在如下几个方面:

1. 运营产业化

以 Internet 运营为产业的企业迅速崛起,从 1995 年 5 月开始,多年资助 Internet 研究开发的美国科学基金会(NSF)退出 Internet,把 NFS net 的经营权转交给美国 3 家最大的私营电信公司(即 Sprint、MCI 和 ANS),这是 Internet 发展史上的重大转折。

2．应用商业化

随着 Internet 对商业应用的开放，它已成为一种十分出色的电子化商业媒介。众多公司、企业不仅把它作为市场销售和客户支持的重要手段，而且把它作为传真、快递及其他通信手段的廉价替代品，借以形成与全球客户保持联系和降低日常的运营成本。如电子邮件、IP 电话、网络传真、VPN 和电子商务等日渐受到人们的重视就是最好例证。

3．互联全球化

Internet 虽然已有大约 30 年的发展历史，但早期主要是限于美国国内的科研机构、政府机构和它的盟国范围内使用。现在就不一样了，随着各国纷纷提出适合本国国情的信息高速公路计划，已迅速形成了世界性的信息高速公路建设热潮，各个国家都在以最快的速度接入 Internet。

4．互联宽带化

随着网络基础的改善、用户接入方面新技术的采用、接入方式的多样化和运营商服务能力的提高，接入网速率慢形成的瓶颈问题将会得到进一步改善，上网速度将会更快，带宽瓶颈约束将会消除，互联必然宽带化，从而促进更多的应用在网上实现，满足用户多方面的网络需求。

5．多业务综合平台化、智能化

随着信息技术的发展，互联网将成为图像、话音和数据"三网合一"的多媒体业务综合平台，并与电子商务、电子政务、电子公务、电子医务、电子教学等交叉融合。继报刊、广播和电视的影响力之后，互联网逐渐成为"第四媒体"。

1.2.2　手机的发展

移动设备的范围很广，包括手机、移动硬盘、小灵通、U 盘、MP3 播放器、PSP 等。但可以通过浏览器使用网络来打开网页的却只有手机。大部分手机配置的浏览器只能支持 WAP 网页。但也有少部分手机已经拥有完整的浏览器，可以正常打开标准 HTML 网页。诺基亚对移动手机融合做过全球调研。在这项包括中国、法国、印度、日本、美国等 11 个国家在内的全球性调研中，诺基亚有三个主要的发现：目前全球几乎每两个人中就有一个将他们的手机作为主要的相机使用；超过三分之二的人预言音乐手机将会取代他们的 MP3 播放器；半数以下的人们希望将移动设备与他们的家庭电器相连。

1．多功能移动设备已取代某些小型电子产品

在人们的生活中，多功能手机已经取代了某些小型电子产品。将近一半的调研回复者（44%）将他们的移动终端作为首选相机，其中以印度的比例为最高（68%）。全球而言，现在已有 72% 的人不再单独使用闹钟，73% 的人将他们的手机作为主要的钟表。在中国，这一比例是 84%。

关于在移动状态下进行网络冲浪的问题，超过 1/3 的回答者（36%）说他们每月至少一次在移动终端上进行网络浏览。毫无疑问，日本是移动互联网使用的先驱，37% 的用户承认每天都会进行移动冲浪。

手机的功能还在不断丰富，没有手机的生活是不能想象的：94% 的受访者计划在将来拥有一款手机。巴西人如此热爱手机——100% 的受访者相信自己将会在几年之内拥有一

部手机。事实上,手机是如此的不可或缺,超过 1/5 的人(21%)表示,丢失手机会比丢失手表、信用卡甚至结婚戒指更让他们感到沮丧。在中国,这一比例高达 40%。

2. 音乐手机将成为未来数字音乐消费的核心

数字音乐已经完全重塑了人们购买和聆听音乐的习惯:调研发现,全球 67% 的人现在会下载相当比例的音乐;87% 的人声称,自从拥有一个数字音乐设备后,他们拥有的音乐数量已经增加了。德国人听音乐的时间最多:28% 的人承认每周会听 21 小时甚至更长时间的音乐。人们在听些什么呢?流行乐(35%)、摇滚乐(21%)、舞曲(8%)、古典乐(7%)。而中国人喜爱流行乐的比例高达 54%。可见支持音乐功能的移动终端将成为未来数字音乐消费的核心:67% 的人预言手机将会取代他们的 MP3 播放器。

3. 希望手机扮演家庭远程控制者的角色

根据诺基亚的调研,全球范围内几乎一半的回答者(42%)希望他们的打印机、计算机、立体声音响、电视与移动终端互相连接。展望未来,超过一半的受访者(58%)希望能够通过移动终端控制他们所有的家用电器。

由此可以得知,多媒体的手机与人们的生活已经密切相关,随着它的智能功能的不断开发,对于人们生活的影响力也会越来越大。诺基亚大中国区多媒体业务部销售和渠道发展副总裁黄伽卫说:“以上调查结果强有力地证明了人们真的需要一部多媒体手机来实现拍照、欣赏音乐以及遥控家用电器,未来多媒体手机的发展空间将十分巨大。”

1.2.3　创造和谐的网络环境

在网络日益重要的今天,建设一个和谐健康的网络环境日益重要,关系到中国的未来。由于人们的生活、工作范围、精力有限,不可能对于他们有关或者无关的整体环境和众多信息都保持经常性高度关注和接触,对于自己有限的视野以外的领域,人们只能透过一些媒体的报道来得知。而互联网与移动设备的作用就显得非常之大。对于今天网络极为发达的社会有着重大的影响。所以保持一个干净的网络环境是十分重要的。

由国务院新闻办、工业和信息化部、公安部等七部门在全国开展的整治网络低俗之风专项行动受到了普遍关注和支持,部分网友希望政府尽快出台相关的法律,实行互联网分级管理。

面对网络中出现的一些低俗现象,很多网友希望网站和网友能够共同担负起责任。网友认为,网友中青少年占了很大的比例,网络的和谐环境关系到中国青少年的心理健康,关系到中国的未来,网络发展到今天网站文明真要当成一件大事,它不仅是中国的形象,也是公民思想道德建设的重要内容,是让中国文明还是让中国低俗,是让年轻人都健康成长,还是让低俗下流的东西到处泛滥,这是每个公民的责任,也是网络的责任。

1.3　网页设计流程

在网页设计的认识上,许多人似乎仍停留在网页制作的层面上,认为只要用好了网页制作软件,就能搞好网页设计。事实上,网页设计最重要的,并非在软件的应用上,而是在对网页设计的理解以及设计制作的水平上，在于设计者自身的美感以及对页面的把握。

一个好的网站，之所以吸引人，不仅是因为它的内容吸引人，还有重要的一点是它的网站风格和独特的创意吸引人的眼球，让人赏心悦目、流连忘返，而设计者就要知道怎样设计网页，才能使设计的网页看上去赏心悦目、创意独特。

1.3.1　网页设计的流程

1. 绘制草图

绘制草图的目的有以下几个：

（1）确定网页的整体风格，设计整体布局结构，要注意图片的应用及版面规划，保持网页的整体一致性。要保证网页的规范性，同时也要突出它的特别之处。对于不同性质的行业，应体现出不同的主页风格，就像穿着打扮，应依不同的性别以及年龄层次而异一样。例如：政府部门的主页风格一般应比较庄重，而娱乐行业则可以活泼生动一些；文化教育部门的主页风格应该高雅大方，而商务主页则可以贴近民俗，使大众喜闻乐见。

（2）版面编排，首先涉及的是页面的版面编排问题。主页作为一种版面，既有文字，又有图片。文字有大有小，还有标题和正文之分；图片也有大小，而且有横有竖。图片和文字都需要同时展示给观众，若简单地罗列在一个页面上，往往会搞得杂乱无章。因此必须根据内容的需要，将这些图片和文字按照一定的次序进行合理的编排和布局，使它们组成一个有机的整体，展现给广大的观众。

（3）把标志 Logo，尽可能地放在每个页面上最突出的位置。

（4）文字、标题、图片等的组合，会在页面上形成各种各样的线条和形状。这些线条与形状的组合，构成了主页的总体艺术效果。必须注意艺术地搭配好这些线条和形状，才能增强页面的艺术魅力。

（5）要考虑主要目标访问群体的分布地域、年龄阶层、网络速度、阅读习惯等。网页设计的美术设计要求，网页美术设计一般要与企业整体形象一致，考虑图片的合并，减少请求量，以及样式的简洁，便于后期维护。

2. 颜色搭配

首先，要确定网页的主色调。确定主色调时，最好根据网页的对象和网页的内容来确定。例如政府网页多是以红色和黄色为主，游戏网页则适合使用黑色或者暗红色，科技类网页一般选用深蓝色，新闻类网页可以选用蓝色、橘黄、深红色，等等。如果是创建公司网站，就要考虑公司的企业文化。从公司的标志上大概可以看出一些公司的基本文化。例如，某科技公司的标识由红色和黑色组成，那么在设计该公司网站时就应该考虑以红色或者黑色为主色调。

其次，不要将所有颜色都用到，尽量控制在三至五种色彩以内。背景和前文的对比尽量要大（绝对不要用花纹繁复的图案作背景），以便突出主要文字内容。

3. 制作网页效果图

根据草图和预设的色调，使用软件将首页网页效果图制作出来。再进行一定的讨论，确定网页的风格后，再进行其他网页的制作。

4. 把效果图导出

效果图制作完毕后,需要把效果图导出,导出的主要目的是为了获得页面布局式的素材图像。制定网页改版计划,如半年到一年时间进行较大规模的改版等。

1.3.2　网页设计的注意事项

在网页设计的过程中,应注意以下几个方面:

(1) 页面内容要新颖。网页内容的选择要不落俗套,要重点突出一个"新"字。

(2) 网页命名要简洁。由于一个网站不可能就是由一个网页组成,它有许多子页面,为了能使这些页面有效地被连接起来,用户最后能给这些页面起一些有代表性的而且简洁易记的网页名称。这样既会有助于以后方便管理网页,也会在向搜索引擎提交网页时更容易被别人索引到。

(3) 注意视觉效果。设计 Web 页面时,一定要用 1024×768 的分辨率来观察。许多浏览器使用 1024×768 的分辨率,尽管在 1280×1024 高分辨率下一些 Web 页面看上去很具吸引力,但在 1024×768 的模式下可能会黯然失色。作一点小小的努力,设计一个在不同分辨率下都能正常显示的网页。

(4) 善用表格来布局。不要把一个网站的内容像作报告似的一二三四地罗列出来,要注意多用表格把网站内容的层次性和空间性突出显示出来,使人一眼就能看出你的网站重点突出,结构分明。

(5) 要为图片附加注释文字。给每个图形加上文字的说明,在出现之前就可以看到相关内容,尤其是导航按钮和大图片更应如此。这样一来,用户在访问你的站点时就有一种亲切感觉,认为你心细,比较善解人意,时时刻刻为他人着想,相信你的好心会有好报的。

(6) 考虑浏览器的兼容性。当然现在 IE 所占的市场份额越来越大,但是我们仍然需要考虑到 Firefox、Netscape 以及 Opera 这些浏览器用户。设计风格的考虑,如色彩的搭配,图形、线条的使用等。要时刻为用户着想,必须最少在几种不同类型的浏览器下测试网站,看看兼容性如何。

(7) 不宜多用闪烁文字。有的设计者想通过闪烁的文字来引起访问者的注意是可以被人理解的,但一个页面中最多不能有三处闪烁文字,太多了给用户一种眼花缭乱的感觉,反而会影响用户去访问该网站的其他内容,正所谓"物极必反"。

(8) 每个页面都要有导航按钮。应当避免强迫用户使用工具栏中的向前和向后按钮。你的设计应当使用户能够很快地找到他们所要的东西。绝大多数好的站点在每一页相同的位置上都有相同的导航条,使浏览者能够从每一页上访问网站的任何部分。

(9) 动画不适宜过多。大家都喜欢用 GIF 动画来装饰网页,它的确很吸引人,但我们在选择时,是否能确定必须用 GIF 动画,如果答否,那么就选择静止的图片,因为它的容量要小得多。同样的尺寸的 Logo,GIF 动画的容量有 5KB,而静止 Logo 的只有 3K。

(10) 网站导航要清晰。所有的超链接应清晰无误地向浏览者标识出来,所有导航性质的设置,像图像按钮,都要有清晰的标识,让人看得明白,千万别光顾视觉效果的热闹,而让浏览者不知东西南北。链接文本的颜色最好用约定俗成的:未访问的,蓝色;点击过的,紫色或栗色。总之,文本链接一定要和页面的其他文字有所区分,给读者清楚的导向。

习题 1

1-1　什么是网页设计？它有什么特点？

1-2　网页的技术环境指的是什么？

1-3　说说你制作网页常用的三个软件，它们分别有哪些作用？

1-4　谈谈中国的网页媒体环境，有哪些需要改善的？

1-5　详细介绍网页设计的流程。

第 2 章　网页的版面设计

本章知识点

- 网页版面设计的要点
- 网页版面编排原则
- 网页版面设计的常见布局方式
- 网页版面设计实例分析

本章学习目标

- 理解网页设计中的构图旋律
- 理解网页设计中的形式法则
- 掌握根据网站的主题、素材类型、风格,确定网页的布局方式
- 理解图文混排的基本要求
- 掌握在网页中用布局表格来布局页面的方法

在网页设计中根据特定的主题和内容,把文字、图形图像、动画、视频、色彩等信息传达要素界定在一个范围内,有机的、秩序的、艺术性的组织在一起,形成美观的页面并不是容易的事。由于多数专业的计算机技术人员缺乏艺术设计的能力,致使许多网页一直都是按固定的格式来完成,只是在文字内容上有所变化,所以使很多网页看起来千篇一律,缺乏个性。为了让网页更具艺术魅力,必须提高制作人员的艺术素养,将艺术与技术有机地结合起来,使网络呈现更绚丽的色彩。网页的版面设计应从造型、视觉心理及版式构成几方面入手,本章将主要进行这方面知识的学习。

2.1　网站的版面设计

设计网站首页的第一步是设计版面布局。就像传统的报刊杂志编辑一样,可以将网页看做一张报纸、一本杂志来进行排版布局。虽然动态网页技术的发展使得人们开始趋向于学习场景编剧,但是固定的网页版面设计基础依然是必须学习和掌握的。

2.1.1　版面编排原则

在进行网站的版面编排的时候,应遵循一些基本的原则:

(1) 突出中心,理清主次。

(2) 搭配合理,大小呼应。

(3) 图文并茂,相得益彰。

2.1.2　选择页面的大小

在设计网页的版面时,首先要明确网页的尺寸。版面指的是浏览器看到的完整的一个页面(可以包含框架和层)。因为每个客户的显示器分辨率不同,所以同一个页面的大小可能出现 640×480 像素、800×600 像素、1024×768 像素等不同尺寸。

网页界面设计不同于报纸、杂志等版面的设计,它是动态的、变化的版面。多数人的显示器分辨率为 800×600 像素或 1024×768 像素,设计版面时就应以 800×600 像素为标准,除去滚动条所占的 20 像素,安全宽度应控制在 780 像素以内,这样才能浏览到全部的横向页面内容,垂直方向上,页面是可滚动的,版面的长度一般不作限制,但是一些较正规的网站要求滚动不超过 3 屏,针对这样动态的版面空间,设计起来就要存在较大的难度。为此,网页设计师应采取一些相应的对策:

(1) 运用自适应宽度技术。即在版面宽度超出 800 像素时,页面内容自动伸缩,充满整个版面,这样的技术就要求版面设计也要具有适应性,如图 2-1 和图 2-2 所示。

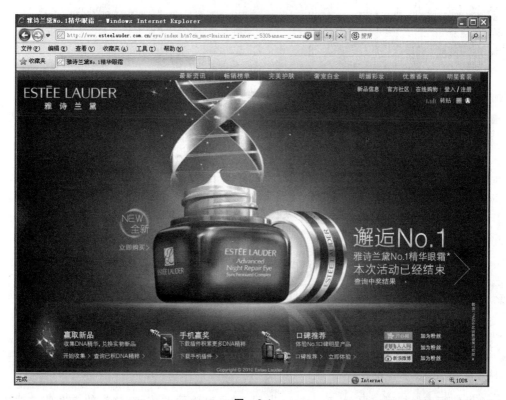

图　2-1

(2) 运用背景来适应不同分辨率的版面效果。1024×768 像素环境下运用背景填充空

图 2-2

白部分,如图 2-3 所示,在 800×600 像素环境下,如图 2-4 所示。

图 2-3

(3)使版面保持固定尺寸,禁止滚动出现,增强对版面的控制,这样的方案非常适用于设计性较强的图形界面。

明确了网页的尺寸之后,下一步就是网页布局。

图　2-4

2.2　网页布局

当点击鼠标,在网络中漫游时,一个个精彩的网页会呈现在面前。试问网页的精彩因素有哪些呢? 色彩的搭配、文字的变化、图片的处理等,这些当然是不可忽略的因素,除了这些,还有一个重要的因素——网页布局,"网页布局"顾名思义是指对网页元素的整体安排。

2.2.1　常见的网页布局类型

1. 网页布局的常见类型及特点
(1)"国"字型
特点:充分利用版面,信息量大。
(2)拐角型
特点:简单明了,容易把握。
(3)标题正文型
特点:简洁。
(4)封面型
特点:生动活泼,简单明了。
2. 典型的版面设计风格示例
(1)版面典型风格——对称型,如图 2-5 所示。
(2)版面典型风格——偏置型,如图 2-6 所示。

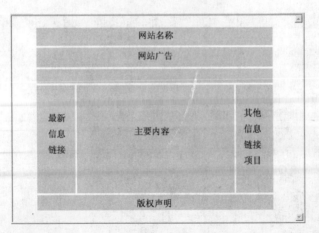

图　2-5

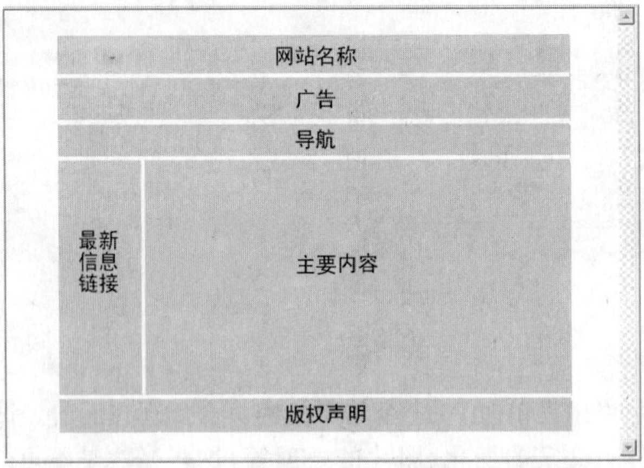

图　2-6

（3）版面典型风格——标题型，如图 2-7 所示。

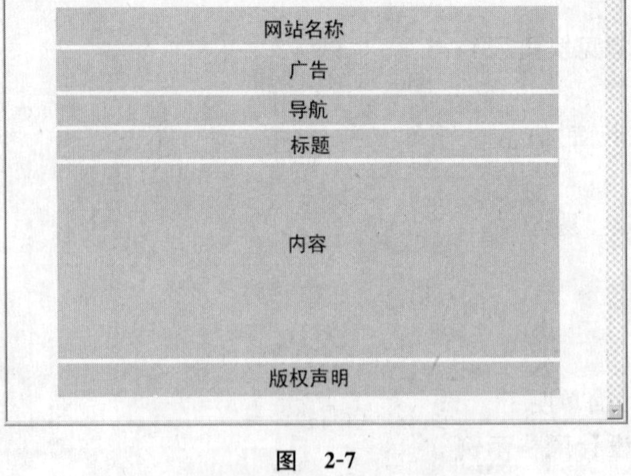

图　2-7

3. 网页版式构成实例分析

在网页设计中较常见的网页版式构成类型主要有水平分割式、垂直分割式、水平与垂直分割交叉式、斜线式、S 曲线式、重复式等。

水平分割的页面具有较强的视觉稳定性,给人平静、安定的感觉,观者的视线是水平流动的,一般是从左至右,遵从人的视觉习惯。

垂直分割强调的是垂线的视觉冲击力,体现坚强、理智与秩序的感觉,如图 2-8 所示。

图　2-8

一般情况下直的线条给人感觉流畅、挺拔、规矩、整齐,所以,直线和方正的面形在页面上的重复组合会给人秩序井然的视觉效果。多应用于比较庄重、严肃的网页题材。如图 2-9 所示为中华人民共和国人民政府网站。

图　2-9

　　曲线、弧线、曲线形状的应用能够产生运动、韵律的动感,形成富有活力的视觉效果。多应用于青春、活泼、运动、娱乐类型的网页题材,如图 2-10 所示。

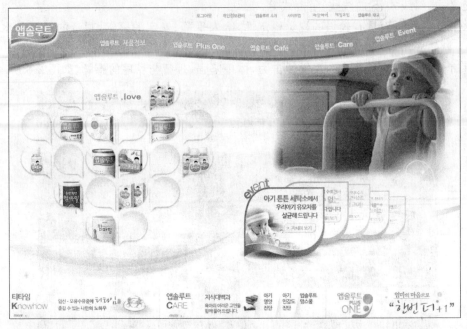

图　　2-10

　　曲形与直形的综合应用是将以上两种线条和形状结合起来运用,不仅能够丰富网页的表现力,还能使网页更富于变化,艺术效果更丰富多彩,如图 2-11 所示。这种网页比较常见,且用途广泛,相适应主题也较多。不过,如果页面的编排处理不当,会给人留下凌乱、无章法的感觉。

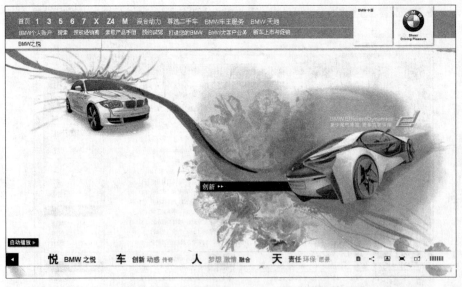

图　　2-11

合理安排版面,保证画面松紧适宜。有的网页内容较多,标题较长,这种类型的内容应尽量避免编排在一起,否则会给人拥挤的感觉,应合理保持画面的松紧关系,同样,较短的文章,也不能编排在一起,这样会使人感觉零散、不整齐。图片的编排也应遵循此原则,要互相穿插,形成文字、图片等版面间错落有致的效果。

2.2.2　网页排版布局的一般步骤

1. 构思

新建的网页就像一张白纸,没有任何表格、框架和约定俗成的东西,可以尽可能地发挥想象力,将想象到的"景象"画上去。这属于创造阶段,不讲究细腻工整,不必考虑细节功能,只以简练的线条勾画出创意的轮廓即可。根据网站内容的整体风格,应尽可能多画几张,最后选定一个满意的创作,完成版面布局设计。

2. 粗略布局

在草案的基础上,将确定需要放置的功能板块安排到页面上。这里必须遵循突出重点,平衡协调的原则,将网站标识、主菜单等最重要的模块放在最显眼、最突出的位置,然后再考虑次要模块的排放。

这一步就要把一些主要的内容放到网页中,例如,网站的标志、广告条、菜单、导航条、计数器等。

3. 细化

在将各主要元素确定好之后,下面就可以考虑文字、图像、表格等页面元素的排版布局了。在这一步,设计者可以利用网页编辑工具把草案做成一个简略的网页,当然,对每一种元素所占的比例也要有一个详细的数字,以便以后修改。

经粗略布局精细化、具体化。在布局过程中,我们可以遵循的原则有:

(1) 正常平衡:亦称"匀称"。多指左右、上下对照形式,主要强调秩序,能达到安定诚实、信赖的效果。

(2) 异常平衡:即非对照形式,此种布局能达到强调性、不安性、高注目性的效果。

(3) 对比:所谓对比,不仅利用色彩、色调等技巧来作表现,在内容上也可涉及古与今、新与旧、贫与富等对比。

(4) 凝视:所谓凝视是利用页面中人物视线,使浏览者仿照跟随的心理,以达到注视页面的效果,一般多用明星凝视状。

(5) 空白:空白有两种作用,一方面表现网站突出卓越感,另一方面也表示网页品味的优越感,这表现方法对体现网页的格调十分有效。

(6) 图解说明:此法对不能用语言说服,或用语言无法表达的情感特别有效。图解说的内容,可以传达给浏览者更多的心理因素。

以上的设计原则,如果能够领会并活用到页面布局里,效果就大不一样了。比如:页面的白色背景太虚,则可以加些色块;版面零散,可以用线条和符号串联;左面文字过多,右面则可以插一张图片保持平衡等。

2.3　用布局表格来布局页面

使用 Dreamweaver 打开示例网页,以标准模式显示网页的布局。

目前因特网上大多数网页都是用表格布局的。但是,使用表格进行布局不太方便,因为最初创建表格是为了将数据排列整齐,而不是用于对网页进行布局。

为了简化使用表格进行页面布局的过程,DW 提供了"布局"模式。在"布局"模式中,绘制布局表格或布局单元格就如同在 Word 中画矩形框一样容易。

2.4　图文编排

在完成布局之后,就可以输入文字,插入图片,并且对文本、图片进行必要的设置,再设置背景色或背景图片,使得整个网页浑然一体。

2.5　主体版面设计

网页的主体版面是指去除页面头部和页脚部分用来放置页面主要内容的页面区域。内容区域一般包括页面的内容链接、文章列表和文章信息等,如图 2-12 所示。主体版面的设计包括主体版面布局的确定、版面颜色和字体的选择、主题版面各模块的添加、图片和链接的设置等。

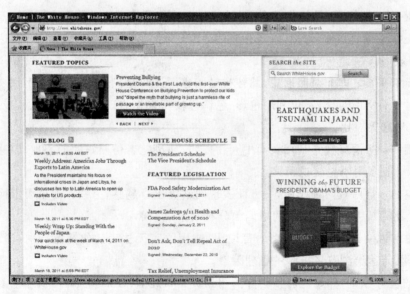

图　2-12

2.5.1 主体版面风格的确定

主体版面的风格是由页面的整体风格、页面的尺寸和页面的版面布局共同决定的。页面的整体风格决定了主体版面的颜色搭配、字体使用和图片排列；页面的尺寸决定了主体版面的宽度；页面的版面布局决定了主体版面内容板块的排列。同时，在进行主题版面设计时必须遵循一定的规则。本节将分别介绍这些内容。

2.5.2 主体版面颜色搭配

在网页页面中，使用不同的颜色可以让人有不同的感受。在主体版面中，使用的颜色一般是页面的主颜色。在色彩搭配上，既要与页面头部风格相融合，又要与页面表现的内容相关联。一般的主体版面颜色数量应该尽量控制在 3 种颜色以内，前景色和背景色的对比应该明显，背景色要求柔和一些，前景色应该选择深一点的颜色。下面介绍一些互联网上比较常见的色彩搭配技巧。

（1）以一种色彩为主的颜色搭配，如图 2-13 所示。

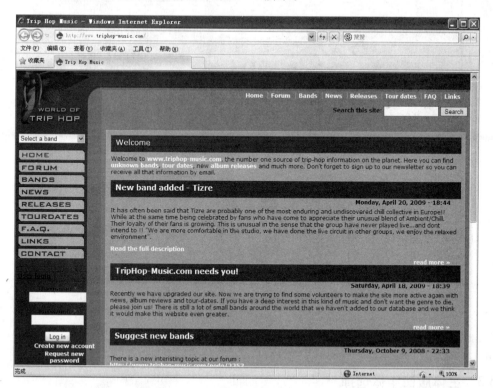

图　2-13

（2）两种色彩搭配，如图 2-14 所示。

（3）以一个色系作为主颜色搭配，如图 2-15 所示。

图　2-14

图　2-15

（4）用黑色配一种彩色，如图 2-16 所示。

2.5.3　主体版面字体选择

网页中字体的选择主要包括字号、字体和行距。

1. 字号

字体的大小称为字号。

图 2-16

2. 字体

网页制作中比较常用的中文字体是宋体和黑体。

3. 行距

上一行字顶端到其下一行字顶端的距离称为行距。

2.5.4 主题版面的大小控制

由于用户使用的浏览器屏幕分辨率各不相同,因此主体版面的大小也有不同的规格,比较常见的主题版面大小是 1024×768 像素和 800×600 像素,如图 2-17 所示。

(a)

图 2-17

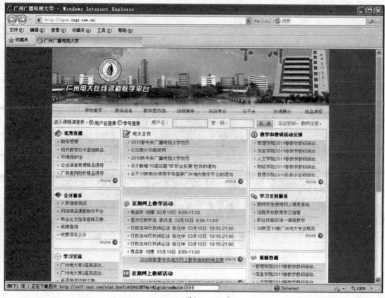

(b)

图　2-17（续）

2.5.5　主体版面的布局

在 12.2 节中介绍了 7 种常见的页面综合布局，每一种页面综合布局决定了其对应的页面主体版面的布局风格。下面是比较常见的主体版面的布局方式。

1. 一栏式布局

网页主体版面采用一栏式布局的设计，如图 2-18 所示。

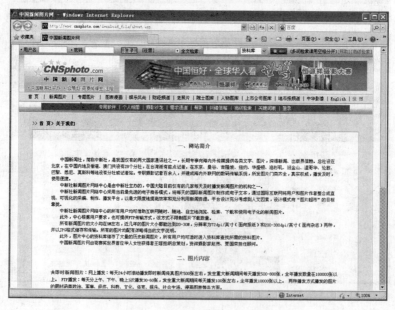

图　2-18

2．两栏式布局

网页主体版面采用分两栏显示的设计方式，如图 2-19 所示。

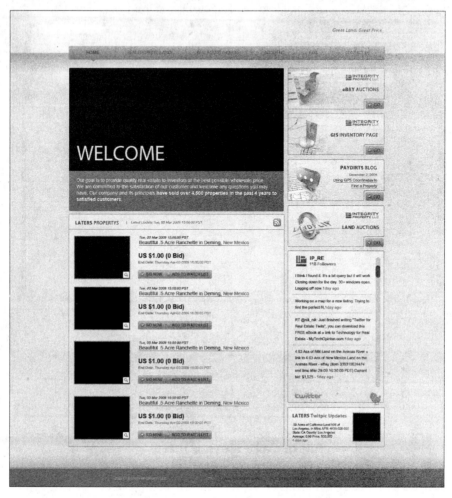

图　2-19

3．三栏式布局

网页主体版面采用三栏式布局的设计，如图 2-20 所示。

4．多栏式布局

网页主体版面采用多栏式布局的设计，如图 2-21 所示。

2.5.6　主体版面设计遵循的原理

主体版面的设计是一项技巧性比较强的排版技术。作为一项排版技术，其设计就应遵循排版技术的原理，下面是进行主体版面设计时应遵循的原理。

平衡：就是指重量的平均分配。

焦点和主次：人们浏览一个页面内容的时候，首先看到的地方称为焦点。

韵律设计：音乐的节拍有韵律，在平面设计中也有韵律。

网页设计与网站规划

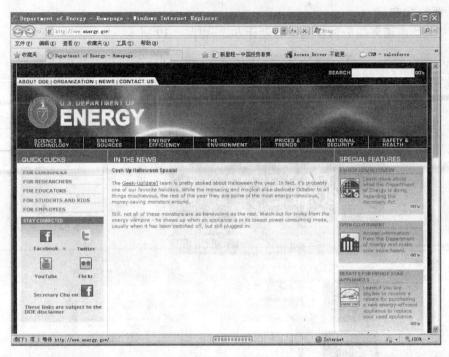

图 2-20

图 2-21

统一和变化：统一不是让许多形态元素单一化和简单化，而是使多种变化因素具有条理性和规律性。

2.6 主体元素的确定

主体版面的风格确定之后就需要将主体版面在页面中进行体现,2.5.5 节介绍的几种主体版面布局中,两栏式布局是初学者最易学会的,而且在网页中应用也最多,下面一起来学习两栏式主体版面的制作。

2.6.1 两栏布局主体版面的左栏制作

所谓两栏就是将主体版面分两列进行显示,两栏式布局的设计思想是将主体版面分别放在左右两个单元格中,然后再在单元格中添加主体元素。其具体的制作步骤如下:

(1) 运行 Dreamweaver 网页设计软件,在网页设计界面插入表格,其对话框如图 2-22(a)所示。

(a)

(b)

图 2-22

（2）调整表格左右单元格大小并输入左边栏目列表文字，制作内容如图 2-22(b)所示。

2.6.2 两栏布局主体版面的右栏制作

该两栏式页面主题布局的右栏是页面主体版面的真正主体，主要放置页面的主要内容。其具体制作步骤如下：

（1）运行 Dreamweaver 网页设计软件，在网页右栏插入图片并输入文字，如图 2-23 所示。

图 2-23

（2）根据页面宽度重复插入图片和相应文字，完成后在浏览器上运行显示如图 2-24 所示效果。

2.6.3 样式调整及修改

任何的主体版面都要经过 CSS 样式的调整、控制和修饰美化，才能与页面的整体风格相搭配，才能使网页更加美观。下面一起来学习如何对两栏布局的主体版面进行 CSS 样式的调整。

两栏布局主体版面的 CSS 调整与修改

在 2.6.2 节中，了解了页面主体版面不美观的原因是因为没有对其进行 CSS 样式的调整与控制，主体版面 CSS 样式的调整与修改的具体步骤如下：

（1）在 Dreamweaver 中，设置此标签的样式，设置参数如图 2-25(a)所示。

（2）设置光经过链接时的样式，设置参数如图 2-25(b)所示。

两栏布局主体版面可通过 CSS 优化的方式使网页显示效果更舒服，最终效果如图 2-26 所示。

图　2-24

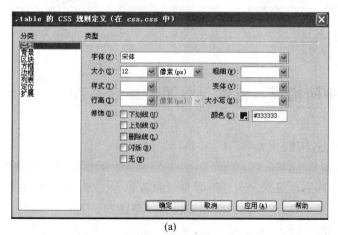

(a)

(b)

图　2-25

图 2-26

2.7　网页与平面构成、色彩、版面设计的关系

2.7.1　网页的平面构成设计

怎样把众多的内容既美观又合理有效地摆放在同一个平面内,对于设计者来说是需要动一番脑筋的。一般来说,网页的平面构成设计中要注意以下 3 个方面:

1. 布局要新颖

所谓布局就是指界面的平面分布安排,即将繁杂的内容进行条理化、秩序化的编辑处理,将其组织成一个结构合理、版块搭配适度的页面。其中,新颖的形式感非常重要,要根据不同内容的特点来决定版面的最终形式感。虽不能说"牵一发而动全身",但"减之一分则少,增之一分则多"的版面处理是应该大力提倡的。

2. 对比要强烈

加强页面的对比因素,是吸引人们关注的有效手段。页面上的各种文字、图片在设计时就应构思好相互之间的对比关系,要大小参差变化、疏密衬托有致、轻重感觉均衡、明暗对比适度。设计上的别具一格,对页面设计的成功与否起着至关重要的作用。

3. 既变化又统一

对版块外形特征的选择应遵守变化统一的设计原则,既不刻意追求外形的变化,使版块分割烦琐凌乱,又不简单划分版面界限,使得页面显得单一刻板。所谓"万变不离其宗",反复的比较、精心的安排、整体的权重是设计好网页的基本要求,同时也是网页设计的最终选择。

2.7.2　色彩设计

从色彩学的角度来审视网页设计,色彩运用得好坏直接影响到网页的整体效果。在庞杂的网页界面中,色彩运用得越简洁、完整,对人们的吸引力就越强。成功的网页设计,都遵循了色彩运用的规律,其优美的色彩往往是吸引人们关注的重要因素之一。

1. 对比与和谐

网页版面中的色彩,首先要强调对比。色彩对比如果不到位,整个页面就会显得灰暗,没有生气。在对比的同时还要注意和谐,不和谐的色彩对比是对色彩运用不成熟的变现。色彩对比与和谐的方法很多,例如:色彩三要素的对比、类似调和构成、色彩的调和与面积形状的关系、色彩的调和与视觉生理平衡等。

2. 色彩的肌理

肌理主要指的是物体表面的结构特征,色彩肌理主要是观者通过观察来"触摸"物体表面色彩的一种色觉感受。由于材料表面的组织结构不同,吸收与反射光的能力也不同,因此材料能影响物体表面的色彩。一般来说,反光能力强的物体表面都很光滑,反映的色彩不够稳定,但明度有提高;粗糙的表面反光能力很弱,色彩较稳定,如果表面粗糙到一定程度,明度和纯度会有一定的降低。因此,同一种颜色用在不同的材料上会产生不同的颜色效果,这就是肌理对色彩的影响。

同时,无彩色与有彩色的相互作用、绘画色彩与设计色彩的关系也是应该注意的。另外,在网页设计时既要考虑到页面整体风格的协调统一,还要兼顾将要添加到网页中的内容形式,而且网页中的内容应当清晰且适宜浏览,所以不要使用太耀眼的颜色或太朦胧的效果,除非有特殊的需要。

2.7.3　美术设计

除了网页内容规划与信息的价值外,网站的视觉设计也是非常重要的。因为通过专业的美术设计,可以让网站在体现高素质的形象外,还可以通过富有吸引力的视觉环境给访问者提供高质量的信息。美术设计除了需要设计师的创意外,还需要注意以下几点:

(1) 网站整体设计简洁、美观,做到图文相辅相成,绝不能喧宾夺主。

(2) 图像制作精致,能够提高网页的美观程度。

(3) 在图像制作精致的同时,还必须控制好文件尺寸与大小,方便网络传输与用户浏览。

2.7.4　网页排版

网页排版是网页制作不可缺少的操作,因为对于网页来说,布局可以说是它的灵魂,如果没有页面的合理布局,就无法将创作表现在网页上,即无法体现网页元素的整体形式美感。

现在,绝大多数网站都包含文字、图片、符号、动画、按钮等内容,其中又以文字和图像所占的比重为最大,这是因为网站的主要目的是信息的传递,文字是传递信息最有效的方式,而图像则是辅助文字说明的最佳拍档。因此,文字和图像与其他页面元素的排版,是整合整个网页的重要手段,也是信息传递的重要体现。

2.8　网页设计与传统版面设计的比较

传统的版面设计并不适于网络,因为传统的版面布局,主要应用于印刷、平面广告等,几乎想要什么样的平面效果都能很好地达到,但在网络上设计就很困难,最主要的一点是因为网络速度慢是设计的瓶颈,必须兼顾浏览速度,在此基础上,尽管很多的效果都能通过一些JavaScript 或是高级的 CSS 技巧来实现,来保证网页下载速度。网站是多媒体的结合物,在网站上可以有个性张扬的风格,展示自己的风格的一面,发挥空间很大,可以有视频,可以有Flash 动画等绚丽的效果,这些在报纸杂志是体现不出来的。平面媒体一旦被印刷出来就不会有所改动了,而网站却可以更新、维护、重新装修。而且从展示角度来看,网站是全方位设计,可以将企业大部分的信息展示出来,让客户很好地了解企业。

而且,网络上的很多排版布局区别于传统的印刷打印,毕竟这是两个相隔时间很长的事物。但是,在最近的几年中,我们发现越来越多的报纸开始使用网页设计布局排版,比如大量的页面留白和基于网络的设计。同时,也可以借鉴传统报纸的排版布局来获取新鲜的网页创意设计灵感。互相补充,达到理想的设计风格。

2.9　典型网站的版面设计

下面简要介绍几种典型的网站的实例,以便读者了解不同类型的网站的设计风格与特点。

2.9.1　商业站点

一般的,商业站点的主要观众是潜在的和正常的客户组织;第二种观众包括潜在的和正常的投资者、潜在的雇员;令人感兴趣的第三种观众,是新闻媒体或竞争者,如图 2-27 所示。

任何商业站点的最主要的目的是,以公司直接或间接受益的方式服务于用户。

商业站点有以下共同特点:

- 基本信息的发布
- 支持与帮助
- 投资机会

图　2-27

- 公共关系
- 招聘信息
- 电子商务

2.9.2　信息站点

政府、教育、新闻、无利润的组织、宗教组织，或变化多样的社会站点经常被认为是信息站点，如图 2-28 所示的新浪网首页。

信息站点的特点如下：

- 信息站点的访问者一般都是对站点提供的信息有兴趣或需要的。
- 信息站点的建立满足某些设计条件，但不需要考虑财政方面的因素。
- 信息站点提供信息的目的变化很大。

2.9.3　娱乐站点

娱乐站点的意图主要是使参观者快乐。在某种程度上说，他们是出售娱乐节目。设计娱乐站点时要通过打破常规来取得成功。就娱乐站点来说，目的是出售体验本身，如图 2-29 的联众世界的主页。

2.9.4　门户站点

门户站点是用户在网上冲浪的起始站点，该站点帮助人们查找信息。

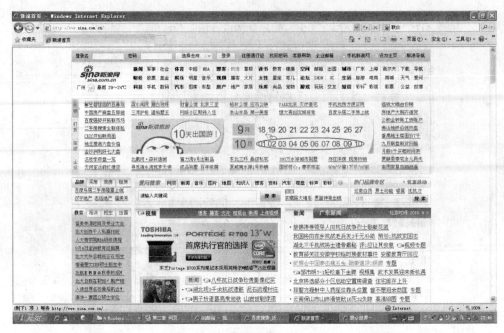

图   2-28

图   2-29

　　门户站点经常试图提供尽可能多的信息,为用户尽可能多地提供服务,鼓励他们留在该站点继续浏览。

　　门户站点也包括搜索引擎或站点目录,这些是门户站点发展壮大的关键,如图2-30所示的雅虎中文网。

图 2-30

习题 2

2-1 版面布局的技巧是什么？

2-2 如何设计首页的版面？

2-3 界面设计的原则是什么？

2-4 界面设计的意义是什么？

2-5 网页设计中的文字是如何运用的？

第3章 网页的色彩应用

本章知识点

- 色彩基本原理
- 色彩与心理
- 色彩的对比
- 无色系颜色与有色系颜色的搭配应用
- 色彩调和
- 色彩在网页设计中的应用

本章学习目标

- 掌握色彩构成在平面设计中的各种色彩搭配及其审美法则,并能较灵活地将其运用于网页设计中
- 理解色彩构成的基本要素和形象
- 了解色彩构成的基本概念和作用

3.1 色彩的基本原理

3.1.1 色彩的概念

什么叫色彩?色彩是如何被感知的?

首先光是感知色彩的条件之一,拥有健康的眼睛是感知色彩的条件之二,两者缺一不可。也就是说,当物象受光线照射后,其信息通过瞳孔进入视网膜,经过视神经细胞的分析,转化为神经冲动,由视神经传达到大脑皮层的视觉中枢,这样才产生了色彩的感觉。

经过光、眼睛、大脑三个环节,才能感知色彩的相貌。因而得出色彩概念:

光刺激眼睛所产生的视感觉叫做色彩;也就是说,色彩是一种视觉形态,是眼睛对可见光的感受;光,是感知的条件;色,是感知的结果。

这样感知色彩的过程,叫做精神物理过程:物理—生理—心理。

物理:主要是研究光的性质与光量的问题。

生理:主要是研究视觉细胞对光与色的反应及大脑思维的生理反应问题。

心理:主要是研究思维与意识、色彩的伦理美学的心理因素问题。

以精神物理、精神生理的观念来理解色彩领域,是现代色彩学研究的基础。

3.1.2　光与色彩

人们能感知缤纷的世界的关键是光,光是一种电磁波辐射能源。

光源光——主要分为两种:一种是自然光,主要是阳光;另一种是人造光,例如电灯光、蜡烛光、煤气灯光等。学习色彩主要是以太阳光为研究对象。

1669 年,英国的物理学家牛顿发现了光谱色。太阳光经过三棱镜折射,投射到白色屏幕上,会显出一条美丽的光谱,依次为红、橙、黄、绿、青、蓝、紫,如图 3-1 所示。

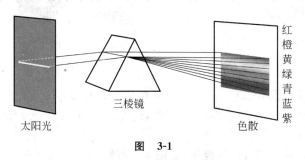

图　3-1

3.1.3　色彩的混合

现实生活中,将两种以上不同的色相进行混合,会产生出新的色相。这种现象在色彩搭配的实践中经常发生,并会伴随着生活的变化而不断的演变,这对色彩的调配具有十分重要的指导作用。

色彩的混合形式是非常复杂的过程。当色彩在混合后进入人的视觉时,将会以两种形式表现出来,一种是光混合或叫加色混合,另一种是色料混合也叫减色混合或负混合。当色彩在进入视觉后再进行混合,我们则把它叫做中性混合。

1．加色混合

加色混合也称色光混合或叫正混合,将不同色相的光源,同时投照在一起,合照出新的色光,是光的混合种类之一。

光色混合后的色光明度高于混合前的原有色光的明度。色光混合次数越多,明度就越高,这就是光色混合的基本原理,称为加色混合。舞台灯光、彩色照片、彩色电视机显色,均为运用加色混合原理处理色彩的。

原色光:朱红、翠绿、蓝紫,如图 3-2 所示。

间色光:由两个原色光混合而成。

$$朱红色光 + 翠绿色光 = 黄色光$$
$$翠绿色光 + 蓝紫色光 = 蓝色光$$
$$蓝紫色光 + 朱红色光 = 紫红色光$$

补色光:原色光与色相环上相对着的间色光互为补色关系。

白色光:一对补色光加在一起便成为白色光。

$$蓝紫色光 + 黄色光 = 白色光$$
$$朱红色光 + 蓝绿色光 = 白色光$$
$$翠绿色光 + 品红色光 = 白色光$$

三原色光相加 = 白色光

如果只通过两种色光相混后就能产生白光,那么这两种色光就是互补关系。例如:蓝紫色光与黄色光;翠绿色光与紫红色光;朱红色光与蓝色光等都是互补色光关系。图 3-3 所示为补色光的混合相加效果。

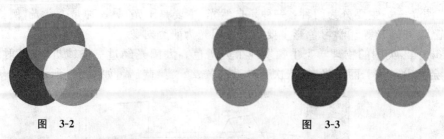

图 3-2   图 3-3

2. 减色混合

色料的混合称减色混合或叫负混合,它与光的混合相反,不是反光强度的增加,而是吸光能力的集合。色料混合次数越多,吸光越强,纯度、明度越来越低。也就是说,色料相调的种类越多,则越容易出现脏、灰的效果。

色料的三原色:品红、蓝色、柠檬黄,如图 3-4 所示。

那么,三种原色之间的混合又会产生怎样的效果呢?

色料的三间色:

$$品红 + 蓝色 = 蓝紫色$$
$$柠檬黄 + 品红 = 橙色$$
$$蓝色 + 柠檬黄 = 绿色$$

因此蓝紫色、橙色、绿色又可称为间色或者叫第二次色。

如果两种颜色混合后能产生黑色或灰色,这两种色就是互补色,图 3-5 所示为色料互补的混合效果。

图 3-4   图 3-5

色料的互补色:

$$蓝色 + 红色 = 黑色或灰色$$
$$柠檬黄 + 蓝紫色 = 黑色或灰色$$
$$绿色 + 品红 = 黑色或灰色$$

3. 中性混合

中性混合有两种:旋转混合和空间混合。中性混合是色光混合的一种,色相的变化同样是加色混合,纯度有所下降,明度不像加色混合那样越混合越亮,也不像减色混合那样越混合越暗:而是混合色的平均明度,因此称为中性混合,如图 3-6 所示。

(1) 旋转混合

旋转混合属于颜料的反射现象。在圆形转盘上贴上两块或两块以上色纸,并使之快速旋转,如我们通常所见自行车轮上有两块色板,一块是红色,一块是黄色,当自行车轮快速旋转时就会产生一种混合色——橙色,这一现象我们称它旋转混合。正如上面的例子,由于旋转使红、黄两色反复刺激视网膜同一部位,两色连续不断地交替,因此在视网膜上发生红、黄两色光混合而产生橙色的感觉,如图 3-7 所示。

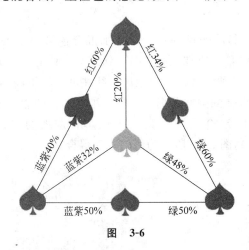

图 3-6

图 3-7

（2）空间混合

　　将两种或两种以上的颜色并置在一起,通过一定的空间距离,在人们的视觉内达成的混合叫做空间混合,又叫并置混合。这种混合与前两种混合的不同点在于(加色混合与减色混合都是在色彩未进入眼睛之前即在视觉外混合好的,再由眼睛看到)其颜色本身并没有真正混合,但它必须借助一定的空间距离来完成,如图 3-8、图 3-9、图 3-10 和图 3-11 所示的学生作品。

图 3-8

图 3-9

图 3-10

图 3-11

空间混合是在人们的视觉内完成的,故也叫做视觉调和。

空间混合的效果取决于两个方面:一是色形状的肌理,即用来并置的基本形,比如小色线、小色点、网格、不规则的形态等,这些排列有序的形态越小,混合的效果就越明显,肌理效果也越强;二是观看者距离的远近,同一个物体,远看是大效果,近看形象清晰、层次分明,明暗属于中性状态。

这两种混合,均是中性混合,混合出新色彩的明度基本等于参加混合色彩明度的平均值。法国印象派画家修拉的油画作品、电视屏幕的成像、彩色印刷、纺织品设计的经纬并置,都在一定距离内产生了视觉上的色彩混合。这种混合在一定距离内往往可以将不同的鲜艳色彩转化为含灰的协调色彩,原因是这种混合受到空间距离及空气清晰度变化的影响,空间环境也对色光起到阻碍和衰减作用,故空间混合会因距离产生色彩含灰的协调现象。图 3-12 所示为修拉作品(大碗岛上的星期日),图 3-13 所示为线的空间混合。

图　3-12

图　3-13

3.1.4　色彩的属性

1. 有彩色和无彩色

色彩可分为有彩色和无彩色两大类。黑、白、灰色属于无彩色,在物理角度看,我们在光谱上看不到这三种色,但在色度学上称之为黑白系列,因此不能称为色彩。在心理学上它们有着完整的色彩性质,在色彩体系中扮演着重要角色。无彩色系没有色相和纯度,只有明度变化。色彩的明度可用黑白度来表示,明度越高,越接近白色;反之则越接近黑色。因为黑、白、灰在颜料中担当着重要的角色。所以黑、白、灰在心理上、物理上、化学上都可称为色彩。

在光谱上显现出的红、橙、黄、绿、蓝、紫,都属有彩色系。将传统的三原色:品红、蓝色、柠檬黄的色彩按一定量调配出三间色橙色、绿色、蓝紫色,即是光谱上的基本色。基本色之间不同量的混合和基本色与黑、白、灰色之间不同量的混合,会产生出成千上万种有彩色。只有有彩色系才具备色彩的三要素:色相、明度、纯度。有彩色系与黑、白、灰不同比例调配出的色彩仍属于有彩色,图 3-14 所示为无彩色明度色阶与有彩色的明度值。

无彩色仅有明度的变化,但它们可以极大地丰富有彩色系的色彩层次变化。

色彩构成概念——是构成基础训练中的一个重要组成部分,根据构成原理,将色彩按照一定的关系原则去组合,创造出(调配出)适合的美好色彩,这种创造(调配)过程,称为色彩构成。

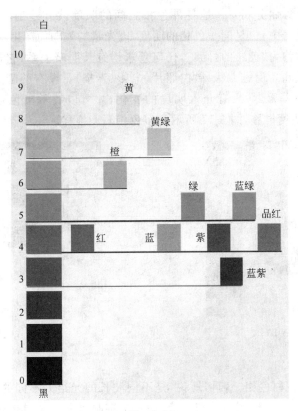

图 3-14

2. 色彩的三要素

正常的视觉所感知的色彩(有彩色系)具有构成色彩的三个基本条件,也称色彩的三属性,即明度、色相、纯度。

(1) 明度(value)

概念:色彩的明暗程度称明度。

物理学上,光波的振幅宽窄,决定色彩的明暗程度。振幅越宽,进光量越大,物体对光的反射率越高,明度也就越高;反之,振幅越窄,明度也就越低。

白色是最明亮的色,黑色则是最暗的,任何一个颜色,想提高明度则加上白色;想降低明度,则加上黑色。图 3-15 所示为明度推移。

图 3-15

明度可以从两个方面分析:一是各种色相之间的明度就有差别,同样的纯度,黄色最高,蓝紫色最低,红色居中;二是同一色相的明度,因光量的强弱而产生不同的明暗变化。明度在色彩构成学中被称为"色彩的骨架",任何色彩均有其明暗关系,它是色彩关系的架构,有其自身的美学价值和表现魅力(如黑白照片、电影、素描)。没有明暗关系的构成,色彩也会失去分量而显得苍白无力,只有介入明度的变化,才可以展示出色彩的丰富层次变化。图 3-16 所示为两色明度推移,图 3-17 所示为多色相明度推移。

图　3-16   图　3-17

(2) 色相(hue)

概念:色彩的相貌称色相。确切地说,是不同波长的光给人不同的色彩感受。色彩的相貌是由波长决定的。红、橙、黄、绿、蓝、紫,每一个字眼都是一个具体色相的称谓,由于波长各不相同,呈现出的色相也就不尽相同。

不同相貌色彩的名称代表着不同波光给人的不同的特定感受,并形成一定的秩序。色相环中的等量距离排列是人为的(七彩色中色彩排列不是等距的),色相环可以分为 5 色、8 色、10 色、24 色等,只要把各种原色加入不同间色就可以调配出无数种颜料。我们可以看到在色相环中,从暖色到冷色:如红橙色——橙色——中黄色——柠檬黄色——黄绿色——绿色,也可以通过冷色色系到暖色色系的设计:如蓝紫色——蓝色——蓝绿色——绿色——绿黄——黄色——黄橙——橙色——红橙——红。图 3-18 所示为 24 色色相环,图 3-19 所示为 30 色色相环。

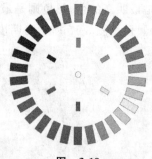

图　3-18   图　3-19

(3) 纯度(chroma)

概念:色彩的鲜浊程度称纯度,也叫做彩度、艳度、饱和度等,即波长的单一或复杂的程度。有彩色系中的红色是纯度最高的色相,橙、黄、紫等色是纯度高的色相,蓝色是纯度低的色相。任何一个色相掺进了其他成分,纯度将变低。凡有纯度的色必有相应的色相感,有纯度感的色都称为有彩色。如我们选出一个纯度较高的色相——大红,再寻找一个明度与之相等的中性灰色(灰色是由白与黑混合出来的),然后将大红与灰色直接混合,混合出从大红到灰色的纯度依次递减的纯度序列,得出高纯度色、中纯度色、低纯度色。无彩色没有色相,故纯度为零。

纯度变化对人们的心理影响极其微妙,不同年龄、不同性别、不同职业、不同文化教育背景的人对纯度的偏爱有较大的差异。高纯度的色彩加入白和黑调成的灰色,纯度就会降低,成为带灰浊味的色彩。图 3-20 和图 3-21 所示为纯度推移,表 3-1 所示为明度和纯度的比值。

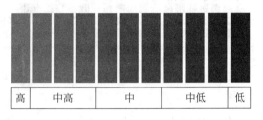

图　3-20

图　3-21

表　3-1

色相	明度	彩度	色相	明度	彩度
红	4	14	蓝绿	5	6
黄橙	6	12	蓝	4	8
黄	8	12	蓝紫	3	12
黄绿	7	10	紫	4	12
绿	5	8	品红	4	12

3.1.5　色立体

色彩按照三属性的关系,有秩序地系统地排列与组合,就可构成具有三维立体色彩体系,简称为色立体。

色立体的基本骨架是一个色立体的示意图。它以无彩色为中心轴,顶端为白,底端为黑,中间分布不同明度逐渐变化的有序灰色;色相环呈水平状包围着中轴,呈圆形,如图 3-22 所示。

现在世界范围内用得比较多的有三种色立体,即美国的孟赛尔色立体、德国的奥斯特瓦色立体、日本色研究所的色立体(PCCS 色立体)。

1. 孟赛尔色立体

孟塞尔色立体是由美国教育家、色彩学家、美术家孟塞尔于1905 年创立并发表的色彩表示法。1929 年和 1943 年经美国国家标准局和美国光学会两次修订。现公布的最新版本有两套样品:一

图　3-22

套有光泽,包括 1450 块颜色,附有 37 块中性灰色;一套无光泽,包括 1150 块颜色,附有 32 块中性灰色。图 3-23 所示为孟赛尔色立体示意图,图 3-24 为孟赛尔色立体纵横面示意图。

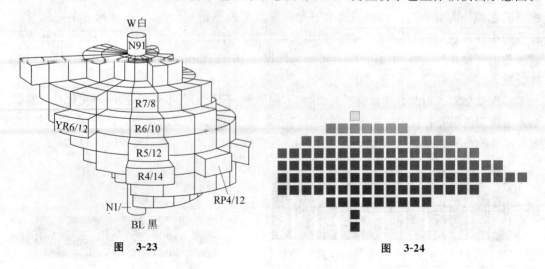

图 3-23   图 3-24

孟塞尔色立体以色彩的三要素为基础,hue 表示色相,简写为 H;value 表示明度,简写为 V;chroma 表示为纯度,简写为 C。

在孟塞尔色立体的色相环中,以红(R)、黄(Y)、绿(C)、蓝(B)、紫(P)为 5 个基本色。在相邻的色相间各增加黄红(YR)、黄绿(YG)、蓝绿(BG)、蓝紫(BP)、红紫(RP)构成 10 个主要色相,每个色相又分为 10 个等份,最后设计为 100 个色相。图 3-25 所示为孟塞尔色立体色相环,图 3-26 所示为孟塞尔色立体纵截面示意图。

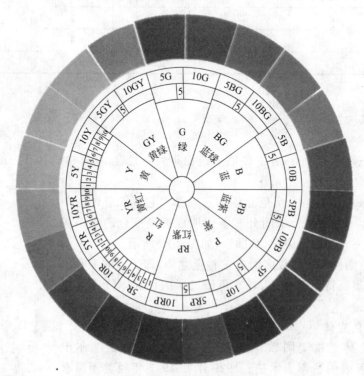

图 3-25

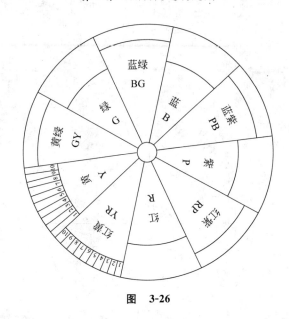

图　3-26

2. 奥斯特瓦德色立体

奥斯特瓦德是德国伟大的物理学家、化学家,1916 年发表了对色彩体系的标准理论,并于 1923 年提出奥斯特瓦德色立体。奥斯特瓦德深入地研究了有关色彩调和的问题,形成了一整套配色理论。

奥斯特瓦德色相环以生理四原色黄(Y)、蓝(B)、红(R)、绿(C)为基础,将四色分别放在圆周的 4 个等分点上,成为两组补色对比。然后再在两色中间依次增加橙(O)、紫(P)、蓝绿(BG)、黄绿(YG)四色相,计 8 个主色相。将每一曲目再分为三个色相,成为 24 色相色环。色相按顺时针顺序排列为黄、橙、红、紫、蓝、蓝绿、绿、黄绿。从开始定为 1 号黄直到 24 号黄绿,每一色相以中间 2 号为正色。图 3-27 所示为奥斯特瓦德 24 色相环,图 3-28 为奥斯特瓦德色立体示意图。

3. 日本色彩研究所的色立体(PCCS 色立体)

日本色彩研究所配色体系简称 P、C、C、S 色立体。日本色彩研究所在 1951 年研究出一套新的“色彩标准”后,经过 13 年的改进及测试,于 1964 年正式发表日本色彩研究所配色体系,1965 年公开被采用,这是东方人制定发展出来的色彩应用体系。

P、C、C、S 色系是根据孟塞尔色立体及奥斯特瓦德色立体的特点,弃其两者的不足,并使用东方人比较容易接受的色彩名字。

P、C、C、S 色立体色相环以光谱上红、橙、黄、绿、蓝、紫 6 个主要色相为基础,并调配以24 色相的色相环,表示法为 1 红,2 黄味红,3 红橙,4 橙,5 黄味橙,6 黄橙,7 红味黄,8 黄,9 绿黄,10 黄绿,11 黄味绿,12 绿,13 蓝味绿,14 蓝绿,15 绿味蓝,16 蓝,17 紫味蓝,18 蓝味紫,20 紫,21 紫,22 紫味红,23 红紫,24 紫味红。这个色环因为注重等色相差的感觉,也叫做等差色环。其中互为补色关系的色,不在直径两端的位置。为了学习方便,也为弥补这个缺点,还另外备有 12 色相的补色色环。

P、C、C、S 的明度阶段为 9 级,最下为黑,最上为白,中间为等感觉差的灰色 7 级,整个

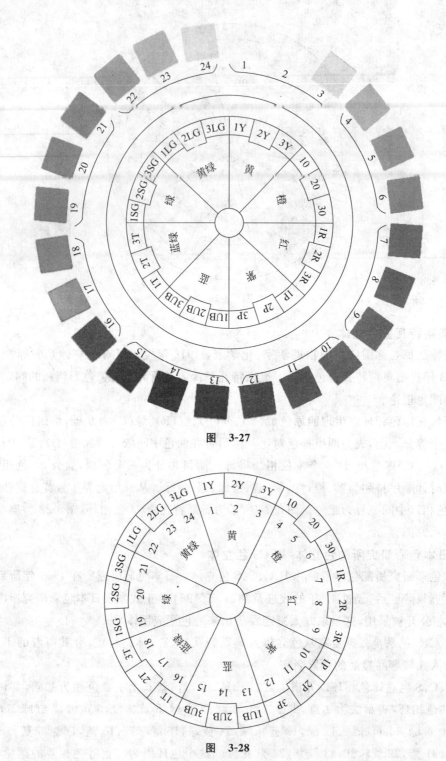

图　3-27

图　3-28

明度阶段顺序为 1.0 黑, 2.4、3.5、4.5、5.5、6.5、7.5、8.5 为 7 级不同明度的灰色, 9.5 为白。
图 3-29 所示为日本 PCCS24 色相环, 图 3-30 所示为日本 PCCS24 色相环。

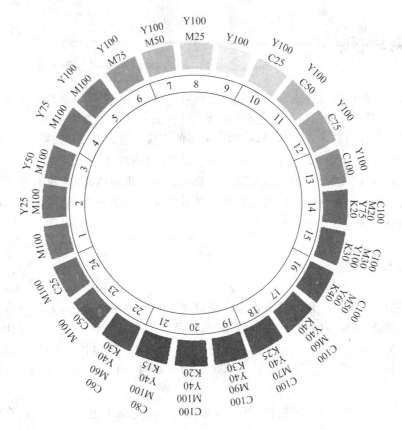

图　3-29

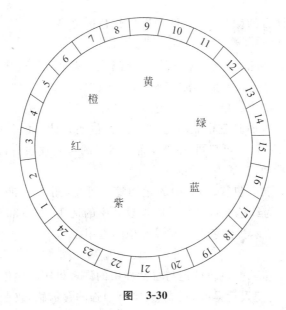

图　3-30

3.2　色彩与心理

色彩具有精神的价值。人常常感受到色彩对自己的心理影响，这些影响总是在不知不觉中发生作用，左右我们的情绪。色彩的心理效应，主要从两个方面来研究，一种是由色彩的物理性直接导致的某些心理体验，可称为色彩的直接心理效应。如高明度色相刺眼，使人心慌；红色鲜艳使人兴奋，属直接的心理效应。二是色彩的间接性心理效应。如饱和的红色会令人产生兴奋、闷热的心理情绪，从而联想到火、血、红旗等概念；这种由前种效应而联想到更强烈的效应属间接性效应。因此色彩心理效应涉及人的观念、信仰，对于设计师来说，哪一层次的心理效应都不能忽视。

3.2.1　色彩与调性

色性是指某一单独颜色的性质。通常在讲述色彩或运用色彩时，头脑中总要比较明确地知道所针对的是哪一种颜色或哪一种调子，以及它们的基本性格、特征，与什么色搭配更和谐等。因为不同的颜色有着不同的表现价值，它的调和关系也各不相同。所以，要想充分地利用色彩传达感情，了解一下各种色彩的不同性质以及其所具有客观表现性，就显得很重要。

下面主要讲解有彩色系中的红、橙、黄、绿、蓝、紫几个基本色相和无彩色系中的黑、白、灰的色性。

1. 红色

红色是一种非常注目的颜色，在可见光谱中红色的光波最长，所以最容易引起人们的注意。

积极的含义：热情、兴奋、激烈、喜庆、革命、吉利、兴隆、爱情、火热、活力。

消极的含义：危险、疼痛、紧张、屠杀、残酷、事故、战争、爆炸。

红色是警告、危险、防火的指定色。红色不仅在节日喜庆时被人们广泛采用，作为欢乐、庆典、胜利时的装饰色彩，而且它也是标志、宣传品、包装设计、服装设计常常采用的色彩。在包装设计中的成功案例如"可口可乐"等，而自然界的包装代表有红苹果、草莓。总而言之，红色是一种热烈、冲动、有活力的色彩。

红色在网页设计、广告、包装、构成中的运用随处可见，图 3-31 所示为红色在包装设计中的应用，图 3-32 所示为红色在可口可乐广告设计中的运用，图 3-33 所示为粉红色在网页设计中的运用，图 3-34 所示为红色在构成设计中的运用。

2. 橙色

橙色是色彩中最温暖的颜色。橙色与自然界中的许多果实的颜色以及糕点、蛋黄、油炸食品的色泽较接近，橙色使人觉得饱满、成熟，富有很强的食欲感，故在食品包装中被广泛应用。此外，橙色的注目性也很强，在工业用色中，它是警戒的指定色，如养路工的工作服、救生衣、救生圈、欧洲的环卫工的工作服等。

积极的含义：成熟、生命、永恒、华贵、热情、富丽、活跃、辉煌、兴奋、温暖。

图 3-31　　　　　　　　　　　　　　　　　　　图 3-32

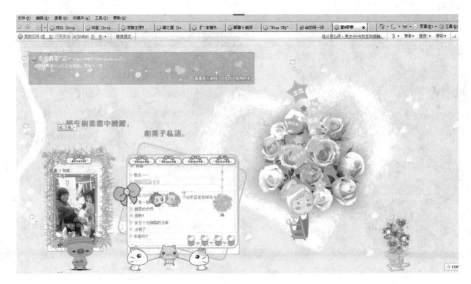

图 3-33

消极的含义：暴躁、不安、欺诈、嫉妒。

自然界的包装代表是橘子。橙色在网页、绘画、广告、构成中的运用,如图 3-35 所示为橙色在构成设计中的运用,图 3-36 所示为橙色在包装设计中的运用。

图 3-34　　　　　　　　　图 3-35　　　　　　　　　图 3-36

3. 黄色

黄色的波长适中,是有彩色中最亮的色彩,给人以轻快、透明、辉煌、充满希望的色彩印象。黄色是以其色相纯、明度高、色觉暖和和可视性强为特征。

积极的含义:光明、兴奋、明朗、活泼、丰收、愉悦、轻快、财富、权力。

消极的含义:病痛、胆怯、骄傲、下流。

黄色在我国古代是帝王的象征;在古罗马时期也被当作是高贵的颜色,普通人不准使用;美国、日本把黄色作为思念和期待的象征。黄色是 19 世纪末的色彩,被印象派画家凡·高发挥得淋漓尽致,其作品《向日葵》(见图 3-37)是黄色色彩运用的经典范例。

黄色常常运用在商品包装、职业服装上,如交通警察的马甲、帽饰、工程机械、养路工的马甲,有着表示紧急和安全的意义。在产品包装上成功使用黄色的例子是"柯达"胶卷。自然界的包装代表有香蕉、柠檬。图 3-38 所示为黄色在构成、网页设计中的运用,图 3-39 所示为黄色在网页设计中的运用。

图 3-37

图 3-38

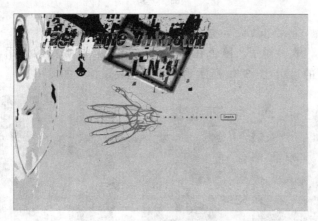

图 3-39

4. 绿色

绿色波长居中,是最养眼的色彩,是比较稳定的、中性的、温和的色彩。在色相环里是黄蓝之间产生的间色。绿是大自然的主要色彩。嫩绿、草绿象征着春天、成长、生命和希望,是青年色的代表;中绿、翠绿象征着盛夏、兴旺;深绿是森林的色彩。绿色的表现力丰富、充实。

　　积极的含义:自然、和平、生命、青春、畅通、安全、宁静、平稳、希望。

　　消极的含义:生酸、失控。

　　如在包装设计中的成功案例"富士"胶卷。自然界的包装代表有绿茶。绿色在网页设计、广告、包装、构成中的运用随处可见,图 3-40 所示绿色在网页设计中的运用,图 3-41 为粉绿色在网页设计中的运用。

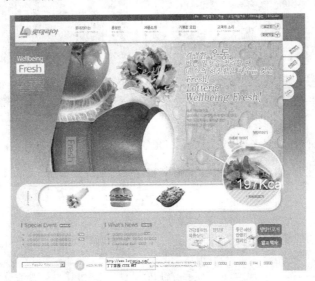

图　　3-40

图　　3-41

5. 蓝色

　　蓝色的波长较短。蓝色是有彩色系里最冷的一个色调,是天空、海洋、湖泊的颜色。蓝色给人以极强的现代感,高科技的展示常使用蓝色,而男士产品包装设计也常用蓝色。

　　积极的含义:久远、平静、生命、安宁、沉着、纯洁、透明、独立、遐想。

消极的含义：寒凉、伤感、孤漠、冷酷。

如果蓝色加上白色则给人以清淡、聪明伶俐、高雅、轻重的心理,加上黑色则给人以奥秘、沉重、大风浪、悲观、幽深、孤僻的心理,加上灰(浊色)色,给人以粗俗、可怜、笨拙、压力、贫困的心理。在产品包装上成功使用蓝色的例子是"百事可乐",药品、冷冻食品的包装也用得较多。蓝色在设计中的运用如图 3-42、图 3-43、图 3-44 和图 3-45 所示。

图　3-42

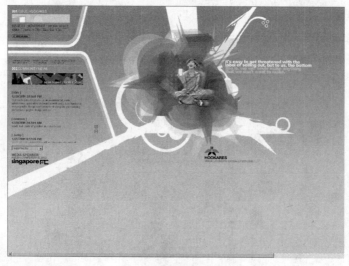

图　3-43

6. 紫色

紫色的波长最短,是色相中最暗的色调。据说,紫色只有在一些少数的特殊动植物或矿物中才能提取出来,极为稀少,因此显得特别珍稀。它代表着高贵、庄重、奢华。在我国封建社会中,只有高官和贵妇才能穿紫服。在古希腊,紫色则作为国王的服装色彩。伊顿(伊顿 Jogannes ltten,1888—1967 年,瑞士人。他是一位著名的画家、雕刻家、美术理论家和艺术教育家。毕生从事色彩学的研究,被誉为现代色彩艺术领域中最有影响的色彩大师。)即形容其为非知觉色彩。

图　3-44	图　3-45

积极的含义：高贵、久远、神秘、豪华、生命、温柔、爱情、端庄、俏丽、娇艳。

消极的含义：痛苦、压迫、哀伤感。

在包装设计上，女性化妆品常用淡紫色，洗涤用品类较常使用紫色。自然界的包装代表是茄子。

紫色在设计、构成中的运用如图 3-46 和图 3-47 所示。

图　3-46	图　3-47

7. 白色

白色的明度最高，白色在心理上能造成明亮、干净、纯洁、扩张感。但白色也有很多类似空虚、投降、缥缈、麻烦不断等带有贬义的色彩特征。西方人举行婚礼，新娘身披白纱，象征纯洁和忠贞。

积极的含义：纯洁、干净、明亮、轻松、朴素、卫生、凉爽、淡雅。

消极的含义：恐怖、冷峻、单薄、孤独。

白色与各种颜色都比较容易协调，所以，在实际应用中它是非常重要的。在包装上，白色的使用率较高。白色在服装中的应用如图 3-48 和图 3-49 所示。

8. 黑色

黑色在心理上容易联想到黑暗、悲哀，给人一种沉静、神秘的气氛感。黑色的明度最低，也最有分量、最稳重，有一种特殊的魅力，显得既庄重又高贵。

图 3-48

图 3-49

近年来,在包装上要表现高级感、男性美、高雅、朴素、深沉、强烈的个性等印象时,黑色的象征表达力最强。许多科技含量较高的轻工业产品都采用了黑色,如电视机、音响设备、实验仪器、照相机、摄像机、随身听等。

积极的含义:庄重、深沉、高级、幽静、深刻、厚实、稳定、成熟。

消极的含义:悲哀、肮脏、恐怖、沉重。

黑色在包装设计、广告设计、网页设计中的应用如图 3-50、图 3-51 和图 3-52 所示。

图 3-50

图 3-51

9. 灰色

灰色是在黑与白之间,属于中性。灰色能起到调和各种色相的作用,是设计和绘画中最重要的配色元素。

漂亮的灰也能给人以高雅、精致、含蓄的印象,它是城市色彩的象征。

积极的含义:高雅、沉着、平和、平衡、连贯、联系、过渡。

消极的含义:凄凉、空虚、抑郁、暧昧、乏味、沉闷。

黑、白、灰在色调组合中是不可缺少的,它们的应用相当普遍,是达到色彩调和的最佳"调和剂"。黑、白、灰永远不会被流行色所淘汰。

图　3-52

灰色在设计中的运用如图 3-53 和图 3-54 所示。

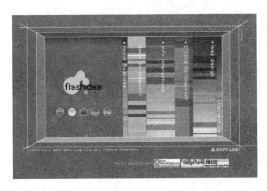

图　3-53

图　3-54

3.2.2　色彩的感觉

色彩可以表达丰富的情感效应。人的感觉器官是互相联系、互相作用的整体。利用一定的色调不仅可以带来视觉上的感受,同时刺激人的各种感官产生多种情绪感应,如冷暖感、轻重感、华丽与朴素感等多种感觉。

1. 色彩的冷暖感

在色彩学中,把不同色相的色彩分为热色、冷色,从红紫、红、橙、黄到黄绿色称为热色,以橙色最热。从青紫、青至青绿色称冷色,以青色为最冷。紫色是红与青色混合而成的,绿色是黄与青混合而成的,因此也有人称它们为温色。但是色彩的冷暖既有绝对性,也有相对性,愈靠近橙色,色感愈热,愈靠近青色,色感愈冷。例如红色比红橙色较冷,但不能说红色是冷色,而红色又比紫色热。图 3-55 所示为暖色构成设计,图 3-56 所示为冷色构成设计,图 3-57 所示为冷色构成设计,图 3-58 所示为暖色构成设计。

图 3-55

图 3-56

图 3-57

图 3-58

2. 色彩的轻重感

一般来说,颜色的轻重感主要取决于色彩的明度,暗色给人以重的感觉,亮色给人以轻的感觉。例如绿色、蓝色感觉重,桃红色、浅黄色感觉轻。明度高的颜色感觉轻,明度低的颜色感觉重。在色彩设计中常以色彩的重量感来调节画面的构图,达到平衡和稳定的需要,以表现不同的性格,如轻飘、庄重等。图 3-59 所示为面料设计,图 3-60 所示为重色设计。

图 3-59

图 3-60

3. 华丽与朴素感

色彩的华丽与朴素感主要取决于色彩的高纯度的对比配置,其次是明度和色相的微妙变化。高明度和高纯度的色显得鲜艳、华丽,低明度和低纯度的色显得朴素、稳重,活泼、强烈、明亮的色调给人以华丽感,暗色调、灰色调、土色调给人以朴素感。图 3-61 所示为华丽感设计,图 3-62 所示为朴素感设计。

图　3-61

图　3-62

3.2.3　色彩的联想

色彩联想指人们看到某一色时,时常会由该色联想到与其有关联的其他事物,这些事物可以是具体的物体,也可以是抽象的概念。色彩的联想与平时生活的经验最为密切相关。比如说红色,我们既可以联想到具体的事物,如太阳、火焰、红旗、鲜花等,也可以产生抽象的联想,如革命、激昂、热情、流血等;又如黑色,既可以联想到黑色衣服、黑汽车、黑夜等具体事物,也可联想到死亡、绝望等抽象概念。

从心理学上看,联想是知觉的产物,它不仅作用于人的视觉器官,还能同时影响到其他感觉器官,如听觉、味觉、嗅觉等。如图 3-63 所示为流行音乐乐曲的色彩表现。

1. 听觉(色听)

颜色引起观者听觉的感受,即看到色彩似听到某种音乐这就叫做色听,包括具体色与音的对应变化和组合色的节奏、韵律、调子、力度、情感等。如黑色是沉重的,白是响亮的,黄是刺耳的,青是温和的等。在国外有些残疾人学校,教师就是用音乐来对那些先天失明的人灌输色彩的概念。比如刺耳

图　3-63

的喇叭声像明亮的黄色,长笛般的声音类似淡蓝色,大提琴的低音像深蓝色,小提琴纤弱的中间音接近绿色,强有力的击鼓代表红色。又如一段欢快的乐曲表示黄色,一段庄重的音乐表示黑色,一段柔和音乐表示浅蓝色等。图 3-64 所示为色听芭蕾舞、交谊舞、民族舞、的士高。

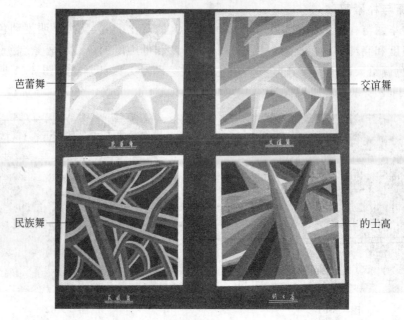

芭蕾舞

交谊舞

民族舞

的士高

图 3-64

2. 味觉、嗅觉

色彩具有味觉感,它大都与人们对食物的色彩经验相关,尤其是一些色彩鲜明、味感明显的食物,比如柠檬的黄色、辣椒的红色等。适当的色彩可以使味感增强,所以在一般的食物、味嗅觉有关的物品色泽或包装设计上,除了考虑美观的因素,也要考虑色彩和味感的关系。如按色相来分,红色通常代表辣的感觉;橙色代表香甜;黄色则代表甜酸;绿蓝色表示酸涩味;咖啡色代表苦味;紫色意味着腐臭;白色为平淡无味;带灰色的色调是不好吃的感觉;黑色和深色色调是味浓的表示。色彩还可以对嗅觉产生作用。最常见的是由某种色彩联想到某种花香,如白色使人联想到百合花或夜来香的气味;桃红使人联想到桃花的芬芳;茶褐色会使人联想到焦煳的气味;深色调则使人联想到腐败的气味。最能发出芳香的色相是黄绿色。图 3-65 所示为给人酸味的颜色,图 3-66 所示为给人辣味的色彩,图 3-67 所示为味觉表达:酸、甜、苦、辣。

图 3-65

图 3-66

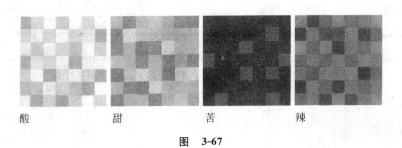

酸　　　甜　　　苦　　　辣

图　3-67

3.2.4　色彩与季节

1. 春天

黄绿色是强调春天特征的色彩，因为它能让人联想到植物的发芽。黄色是最接近于阳光的颜色，也是迎春花、油菜花的颜色。白色的玉兰花，粉红、淡紫色的桃花、杏花、牡丹花和各种明亮的粉彩色，都含有表现春天自然色的秩序与客观性。春天的空气有云霞、有水分，映入眼帘的多是经过空气层的明调中间色，色彩多含有粉质。也就是说春天的色彩表达主要以亮色调为主。

2. 夏天

夏天的阳光灿烂、强烈，一切充满了生机和力量。此时的自然界，无论是形状还是色彩都是最豪华的，色彩间多为高彩度的色相对比，再以明度的长调对比、补色对比作为自然秩序的表示。光线与阴影的强烈对照是夏天的特征。

3. 秋天

秋天的空气清澈而透明，是收获的季节。色彩多为柿子色、橘子色、苹果色、梨色、山里红色、葡萄色等。秋天很少有绿色，除常绿树木外，其他树木都变成红、橙、黄和彩度低的棕褐色。落叶后的树木将收获色强烈地映衬在清澄的（暖蓝色）秋天背景中，辉耀而又和谐，饱满而又丰富。

4. 冬天

受雪与冰所支配的冬季自然界，非常消极，色味少到处布满灰色。但冬天里的梅花、水仙花、兰花、雪松、冰花、树挂、枯枝等也会使我们流连忘返，得到美的享受。透明而稀薄、略带蓝味或灰味的色彩是冬季（主要指北方）色彩的特征，如图 3 68 至图 3-72 所示。

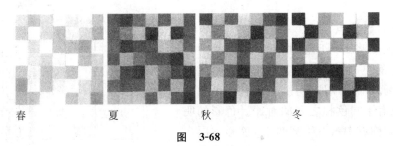

春　　　夏　　　秋　　　冬

图　3-68

图　3-69

图　3-70

图　3-71

图　3-72

3.3　色彩的对比

生活中任何一个色彩的存在都不会是孤立的,不可能单独被视觉所感知,总是与周围的色相相呼应、相衬托。所以,色彩之间的相互作用是必然的。色彩的三要素是构成对比的主要框架,它们相互依存、相互制约,改变其中任何一个要素,都会引起其他因素的相应变化,影响色彩的个性和整体视觉效果。

3.3.1　明度对比

1. 明度对比特点

明度对比是将不同明度的两种颜色并列在一起,产生亮的更亮、暗的更暗的现象。明度对比对人眼的刺激最为强烈,明度对比有同色相之间的对比,也有不同色相之间的对比。色彩的明度关系在色彩构成中占有重要位置,色彩的层次感、体积感、空间感、重量感、软硬感等都是靠色彩的明度对比来实现的,如图 3-73 所示。

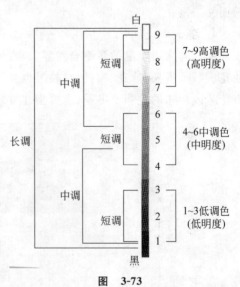

图　3-73

2. 明度调子对比关系

明度调子主要分为三大调：高（亮）调、中调、低（暗）调，以黑、白、灰系列的 9 个明度阶梯为基本标准可进行明度对比强弱的划分。靠近白的 3 级称高明度（亮调），靠近黑的 3 级称低明度（暗调），中间的 3 级称中明度（中调）。色彩之间明度差别的大小决定着明度对比的强弱。明度调子又可分为三种对比强弱关系：长调、中调、短调。

（1）五级以上的对比为明度强对比，因为这种对比关系在明度轴上距离比较长，明暗差别较大，故称为长调。

（2）三级以上，五级以内的对比为明度的中对比，明度差适中，故称为中调。

（3）三级以内的对比为明度弱对比，因为这种对比关系在明度轴上距离比较近，明暗相差较小，故称为短调。

在明度对比中，如果其中面积最大，作用最强的色彩属高调色，色的对比属长调，那么整组对比就叫做高长调；如果画面主要的色彩属中调色，色的对比属短调，那么整组对比就称为中短调。按这种方法，大体可划分为 10 种明度调子：高长调、高中调、高短调、中长调、中中调、中短调、低长调、低中调、低短调、最长调。

如上所述不同明度的色阶搭配在一起，画面会产生调子，即高低调子和长短调子。所谓高低调子，是指画面是亮调子还是暗调子。如图 3-74 所示为明度对比。

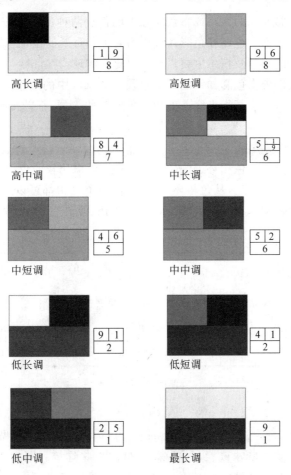

图　3-74

亮色调(高调):

高长调:明度强对比,光感强,清晰、活泼,有跳动感。

高中调:明度中对比,柔和、欢快、明朗、安稳。

高短调:明度弱对比,辉煌,极其明亮,很轻柔。

中间调.

中长调:明度强对比,充实,力度感强,敏锐、坚硬。

中中调:明度中对比,饱满、丰富,含蓄有力。

中短调:明度弱对比,朦胧、混沌、模糊。

暗色调(低调):

低长调:明度强对比,清晰、不安、激烈,有冲击力。

低中调:明度中对比,沉着、稳重、雄厚、迟钝、深沉。

低短调:明度弱对比,模糊、消极、阴暗、沉闷、神秘。

3.3.2　色相对比

1. 色相对比的特点

色相对比即因色彩面积的大小或将色相环上的任意两种颜色或三种颜色并置在一起,从而形成的色彩对比画面。色相在色彩构成中占有极其重要的位置,具有主导作用,色彩的丰富性、冷暖感、色彩的心理及情感主要靠色相对比来实现。

色相对比是给人们带来色彩知觉的重要手段。如家庭中的陈设,日用品,网页设计、公共场所的标志、招贴,以及步行街上穿着五颜六色服装的人群,都越来越多地展现了色相对比的魅力。

2. 色相对比的强弱关系

色相对比的强弱决定于色相环上的位置,距离越近,对比较弱色相越类似,距离越远,对比越强,这是色相对比的规律。从色相环上看,任何一个色相都可以为主色,和其他色相组成同类色对比、类似色对比、邻近色对比、对比色对比、互补色对比的色彩关系,如图 3-75 所示。

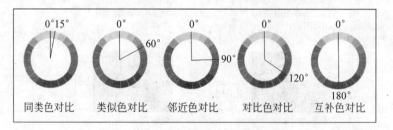

同类色对比　类似色对比　邻近色对比　对比色对比　互补色对比

图　3-75

(1) 同类色对比

在 24 色相环上任选一色,与这个色相相距15°以内的色相对比叫做同类色对比,如黄与橙味黄、黄与绿味黄、蓝与紫味蓝、绿与蓝味绿、红与紫味红等。同类色对比,显得单纯、柔和、微妙,因为同类色对比是最弱的对比,如图 3-76 和图 3-77 所示。

图　3-76

图　3-77

（2）类似色对比

在 24 色相环上任选一色，与这个色相距离 60°以内的色相对比叫做类似色对比，如玫瑰红、大红、朱红、黄绿、蓝绿。类似色对比的特点是统一、和谐，比同类色对比效果要丰富，如图 3-78 和图 3-79 所示。

图　3-78

图　3-79

（3）邻近色对比

在 24 色相环上任选一色，与这个色相距 90°，或者彼此相隔五六个数位的两色，叫做邻近色对比，如黄与橙、黄与绿、蓝与紫、紫红与紫、蓝绿与绿等。邻近色对比的特点是，色彩对比愈明快愈鲜艳，可以组成活泼、艳丽的色调。网页设计、服装设计和室内设计等常常采用这种配色手法，如图 3-80 和图 3-81 所示。

（4）对比色对比

在 24 色相环上任选一色，与此色相隔 120°左右的三色对比，叫做对比色对比，它属色相的中度对比，如黄与蓝紫、绿与紫红、红与黄绿、紫与绿黄、蓝与黄橙等。对比色对比的特点是：比邻近色对比更鲜艳、更强烈、更饱满丰富，容易使人兴奋、激动，但也容易使视觉疲劳，给人不安定的感觉，这是表现运动感的最佳配色。如改变对比色相的明度与纯度，可构成许多审美价值很高的以色相对比为主的色调，如图 3-82 和图 3-83 所示。

图　3-80

图　3-81

图　3-82

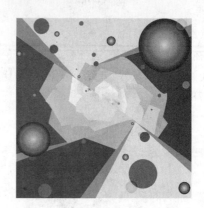

图　3-83

（5）互补色对比

在 24 色相环上任选一色，与这个色相间隔 180°的两个色相比，均为互补色对比，它是色相中最强烈的对比关系，如红与绿、黄与紫、蓝与橙等。互补色对比的特点是：比对比色对比更完整、更丰富、更强烈、更富有刺激性，有着极强的视觉冲击力和热烈感。因为互补色处在色相环直径两端的位置上，互补色对比较适合远距离的设计，使人在短短的时间内获得一种色彩印象，如街头广告、标志、橱窗、商品包装等互补色的运用在色相对比中最难处理，它需要较高的配色技能，如图 3-84 和图 3-85 所示。

图　3-84

图　3-85

3.3.3　纯度对比

1. 纯度对比的特点

因色彩纯度的高低而形成的色彩鲜浊对比叫做纯度对比。这种对比既可以是一种色相纯度鲜浊对比，也可以是不同色相间的纯度对比。纯度对比的特点是增强用色的鲜艳感，也增强了配色的艳丽、活泼、注目及感情倾向。但纯度对比弱时，往往会出现配色的粉、灰、脏、闷、单调等感觉。

2. 纯度调子对比关系

每个颜色都有自己的纯度值，要想规定一个划分高、中、低纯度的统一标准是很困难的。孟塞尔的色立体表示红色的纯度为 14（最高值），而蓝绿的纯度最低仅为 6，所以，很难确定一个统一的标准。现将各色相的纯度分为 12 级，表 3-2 所示为色相、明度、纯度值。

表　3-2

色相	明度	纯度	色相	明度	纯度	色相	明度	纯度
红	4	14	绿	5	8	紫	4	12
橙	6	12	蓝绿	5	6	品红	4	12
黄	8	12	蓝	4	8			
黄绿	7	10	蓝紫	3	12			

色彩纯度差别的大小决定对比的强弱，纯度对比的视觉刺激量明显低于明度对比约 3～4 级，相当于一个明度对比的清晰度，如果按照 12 个纯度级别进行划分，则相差 8 级为强对比，相差 5～7 级为中对比，相差 4 级以内为弱对比。若高纯度面积占 70% 即可构成高纯度基调，叫做高纯调；若中纯度面积占 70% 即可构成中纯度基调，叫做中调；若低纯度面积占 70% 即可构成低纯度基调，叫做浊调。

纯度强对比：色彩对比效果十分鲜明，鲜的更鲜，浊的更浊。色彩显得饱和、生动、活泼。容易引起人们的注意。

纯度中对比：色彩具有统一、和谐而有变化的特点。色彩个性比较鲜明突出，但程度适中、柔和。

纯度弱对比：纯度差别极小，形成弱对比关系。视觉效果弱，形象的清晰度低，色彩容易显得灰、脏。图 3-86 所示为纯度强对比，图 3-87 所示为纯度中对比，图 3-88 所示为纯度弱对比，图 3-89 所示为纯度中对比。

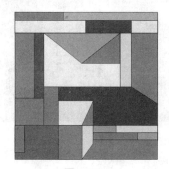

图　3-86

图　3-87

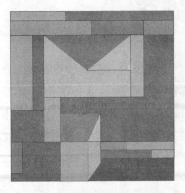

图　3-88

图　3-89

3.4　无色系颜色与有色系颜色的搭配应用

3.4.1　黑、白、灰的作用

黑色是色彩中最暗的色,白色是色彩中最亮的色,因为占据了色彩明暗当中的极端,因此被称为极色,又因为不存在色彩的冷暖倾向,被称为无彩色、中性色,还因为具有分隔色彩的作用,故又被称为调和色。

在色彩表现中,纯色相显示着原始色彩的光辉。在很多特定的环境中,彩色之间的强烈对比,造成眼花缭乱的躁动感,但是,一旦将黑、白二色加入其中,原有的过于融洽、画面形象不清或过于鲜艳的色相使人焦躁不安的感觉顿时就会被稳定、被化解。色彩之间会达成条理清晰的色彩效果。所以,我们用黑白分割画面,可以调和色彩的对比关系。在中国传统的园林建筑、戏曲行头、京剧脸谱、书画艺术中发挥了极致的作用,特别是泼墨、泼彩的山水画艺术更是匠心独运。图 3-90 所示为图案设计中的黑白调和,图 3-91 所示为黑白灰调和。

图　3-90

图　3-91

3.4.2　黑色白色对色彩的分隔作用

由于色彩三要素之间的影响变换,有彩色之间既互相排斥又互相吸引关联,在对比的同时产生了互补调和,在调和的过程中又要体现彼此的对比关系。而黑白色却具有一种独立的、不易被侵犯的特殊效果。从明暗的角度去审视物质世界,有光才有色,而黑色、白色对色彩的明度起着决定性的作用。因此黑、白色能够对其他色彩进行有效的划界和分割。用黑色或者白色将纷杂的色块组合分割后,每块颜色的特征就会完全地显示出来。将三个相等的正方形各自等分为九块小正方形,把 9 种纯度和明度都十分接近、色相对比又比较柔和的颜色,按相应的位置分别涂在三个正方形的小方格内。此时,由于各方块内的小色块之间纯度相似,明度接近,所以界线不清,色彩互相影响干扰,有一种不安定感,三个方形构图呈现完全一样的模糊色调。现在保留一个构图,将余下的两个构图,一个用黑色线条、一个用白色线条仍按小方块进行分割。这时比较三个构图我们不难发现,无论是用黑色线条分割还是用白色线条分割的构成,每一块颜色与其他的颜色界线都变得非常分明,色彩也变得更纯净,增加了颜色的独立性效果,形状也变得明确稳定了。图 3-92 所示为原构图,图 3-93 所示为白色分割效果,图 3-94 所示为黑色分割效果。

图　3-92　　　　　　　　图　3-93　　　　　　　　图　3-94

3.4.3　色彩的暗化与淡化

用黑色和白色调和色彩,会给某一种纯度的色相带来非常丰富的明度层次和纯度层次的变化。但同时在一定程度上也改变了该色相的冷暖性质。黑、白、灰在色调组合是不可缺少的,是达到色彩和谐的最佳"调和剂"。它们虽无色相,但都在配色中有着极其重要的意义,永不会被流行色所淘汰。

添加白色会使一个色相的明度不断提高,但同时也降低了该色相的纯度,如果继续添加,最终该色相会完全消失在无限的白色世界中。与之相反,黑色的不断加入必然会降低纯色的明度,还会使原来纯净的色相逐渐变灰、变暗直至完全隐没在黑暗之中。黑白二色本身属于无彩色,当它们与暖色相混合后,可以使其变冷;如果和冷色相混合后,又能使冷色变暖。例如：灰蓝色与淡蓝色都比纯蓝色混浊，草绿色与橄榄绿色都比黄绿色偏冷等。除此之外，纯色与黑白两色相混后在一定程度上也改变了原有的色彩相貌，比如蓝色加入白色混合后显紫味，黄色加入黑色混合后呈绿味，如图 3-95 和图 3-96 所示。

图　3-95　　　　　　　　　　　　　　图　3-96

3.5　色彩调和

调和，从美学的角度来讲，就是"多样的统一"。在此需要强调的是，调和绝不是仅仅指色彩的类似、统一，更不是单调的一致。在调和的概念中，对比也是一个不可缺少的组成部分；没有对比，就没有所谓的调和，调和与对比是相互依存、互相制约、对立统一的两个因素。色彩的对比是绝对的，调和是相对的，对比是目的，调和是手段。

色彩配色是否调和，一方面取决于视觉生理条件是否得到满足，它在画面中表现为色彩的构图、面积、形状、位置、肌理等多方面组织是否"恰当"；另一方面表现为人的内心愿望是否得到满足。

3.5.1　类似调和

从人的视觉生理条件上讲，色彩的调和可以概括为两个方面，即类似调和与对比调和。类似调和是将色彩三要素中的某一种或两种要素做同一或近似的组合，用以寻求色彩的统一感，这是一种简单而便利的调和方法。

1. 同一调和

同一调和是在色彩三属性中将其中某一种属性进行完全相同的调和，使色彩的组合关系中含有一个方面的同一要素，变化其他两个要素，称其为单性同一调和。在三属性中将两个要素完全同一，变化另一个要素称为双性同一调和。

（1）单性同一调和

同一色相，变化明度和纯度；同一明度，变化色相和纯度；同一纯度，变化明度和色相。

同一色相时，明度反差和纯度反差最好拉开一些，为了避免单调感，也可以使画面雅观，同时富于变化。在同一明度时，应注意避免色相过于单调的画面，单调的色相会使画面的色彩模糊不清。这时的纯度也不适合太接近，尤其是低纯度色。在同一纯度时，色彩变化效果明显，高纯度色同一画面中，色相感十分鲜明，应注意控制各自的色面积关系，求取色面积量的平衡效果。图 3-97 所示为同一色相不同明度和纯度的调和，图 3-98 所示为同一纯度不同明度和色相的调和。

图　3-97　　　　　　　　　　　　　　　　图　3-98

（2）双性同一调和

同一色相和明度，变化纯度；同一明度和纯度，变化色相；同一色相和纯度，变化明度。当选择同一色相和明度时，应注意尽可能拉大纯度反差，避免画面产生模糊感觉。这种配色效果从整体上看对比较弱，会形成柔和朦胧的色彩效果。

当选择同一明度和纯度时，应注意到它很可能形成一种很多色都含灰色的效果，因为黄色、紫色明度反差很大，同时必然要变化为灰黄色与灰紫色，此时应注重控制色相调子，确定以暖调还是冷调为主导，不可形成不冷不暖的花调子。当同一色相和纯度时，应注意到这种调的配色选择性很小，其效果极为统一、含蓄，一定要加大明暗反差。如红色加白色、红色加黑色、红色加灰色等，它有些像单色所形成的素描关系。

无论是哪种变化，同一调和都是高度求统一的方法，其中双性同一调和比单性同一调和更为柔和。图 3-99 和图 3-100 所示为双性调和。

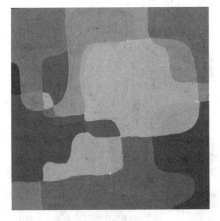

图　3-99　　　　　　　　　　　　　　　　图　3-100

2. 近似调和

在色彩三属性中，使某一种或两种要素近似变化，其要素称为近似调和。近似与同一的概念有所不同，近似中的对比因素拉大了，变化的丰富性也相应地加强了，但它还是一种统一感为主导的配色原则。它包括：近似明度变化色相、纯度；近似色相变化明度、纯度；近似纯度变化明度、色相；近似明度、纯度变化色相；近似明度、色相变化纯度；近似色相、纯度变化明度。无论是哪种近似调和的方法，都应本着统一中求变化的基本原则。调配出适合其产品的色彩效果，如图 3-101 所示。

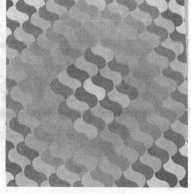

图   3-101

3.5.2 对比调和

对比调和是一种在色彩对比中寻求某一方面统一感的调和方式，也可以将其看成是在变化中求统一的设计方式。它是在不同要素的组合中，以彼此对比而产生强烈的、富有变化的视觉平衡为和谐基础的。

以强调变化而组合的色彩和谐关系称为对比调和。在对比调和中，色彩三要素大多数情况下都处于对比状态中，因此色彩感觉更富于生动活泼、鲜明的效果。

（1）在对比强烈的二色中，加入相应的等差、等比的渐变色系列，改变原先的色彩结构，使对比变得柔和，达到色彩调和的效果。

（2）在对比色中混入同一种色，达到色彩调和的效果。

（3）改变面积及形状，达到色彩调和的效果。

（4）在色相环上以几何形来确定某种变化位置，其中包括：

三角形调和又称为三角调和，其中又分为等腰三角形调和、等边三角形调和不等边三角形调和。四角、五角、六角形调和等多角调和关系，随着角数增加，色彩对比变化越加丰富，为了使之统一和谐，应灵活运用各种秩序的排列关系。色相环上的多角形变化，能产生非常丰富的色彩调和变化，运用得当，会取得很好的色彩效果，如图 3-102 和图 3-103 所示。

图   3-102

图   3-103

3.6　色彩在网页设计中的应用

3.6.1　网页与色彩

网页是网站在计算机上提供给人们浏览的一个信息窗口,是集音频、视频、文字传输为一体的多媒体媒介的大众传媒界面。在实际使用中,网页可分为一级网页、二级网页、三级网页……图 3-104 所示为一级网页设计,图 3-105 所示为二级网页设计,图 3-106 所示为三级网页设计。

图　3-104

图　3-105

图　3-106

21 世纪是视觉语言为中心的时代,网页设计的色彩运用直接影响到网页的整体视觉效果。从色彩学的角度来审视网页的设计,复杂的网页界面,色彩运用得越简洁、越完整,对人们的吸引力就越强。好的网页设计,正是遵循了色彩运用的规律,在人们浏览网页的时候,优美的色彩往往是吸引人们关注的重要因素之一。

3.6.2 对比与协调

网页版面中的色彩,首先要强调对比。色彩对比如果不到位,整个页面就会显得灰暗,没有生气。在对比的同时还要注意和谐,没有和谐的色彩对比是对色彩运用不成熟的表现。色彩对比与和谐的方法很多,例如:色彩三要素的对比;类似调和构成、色彩的调和与面积形状的关系、色彩的调和与视觉生理平衡等。

1. 统一与类似调和构成设计

同色相不同明度、纯度的调和,同明度不同色相、纯度的调和,同纯度不同色相、明度的调和;有彩色与无彩色的调和,非彩色调和。以色彩明度、色相、纯度为主的色彩构成对比。如图 3-107 所示为以高明调为主的网页设计,图 3-108 所示为以色相为主调的网页设计,图 3-109 所示为以鲜浊为主调的纯度网页设计。

图　3-107

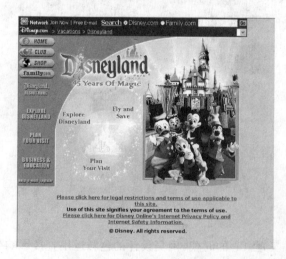

图　3-108

图　3-109

2．色彩的调和与面积、形状、肌理的关系

色彩总是通过一定的面积、形状和肌理表现出来的。也就是说，一块颜色或一笔颜色，总是伴随着面积大小、形的轮廓与方向、色的分布等因素被我们所认识，因此，研究色彩调和，就一定离不开与之相关的这些要素。下面对它们一一分析，从而使配色设计更完美。图 3-110 所示为相同的色彩、形状，不同面积的大小所得的视觉效果。图 3-111 和图 3-112 所示为色彩肌理的视觉效果。

图　3-110

图　3-111　　　　　　　　　　　　图　3-112

网页设计与网站规划

在网页设计时既要考虑到页面整体风格的协调统一，还要兼顾将要添加到网页中的内容形式，而且网页中的内容应当清晰适宜浏览，所以不要使用太耀眼的颜色或太朦胧的效果，除非有特殊的需要。

作品欣赏：

（1）图 3-113 所示网页背景是以黑色为主的色彩搭配，是为了让人们在观看电影时眼睛不容易疲劳。

图　3-113

（2）图 3-114 所示的网页中温馨的玫瑰花和浪漫的粉红色，体现出空间主人乐观、快乐的生活态度。

图　3-114

（3）图 3-115 所示的网页中生动形象的卡丁车动画有突出游戏的主题作用，令人好奇、向往。

图 3-115

习题 3

3-1 网页与色彩设计的关系。

要求：完成文字稿 1500 字左右，谈谈对网页与色彩设计关系的理解和认识。

目的：提高学生对色彩的认识。加深对色彩在现实生活中重要性的理解。

3-2 网页版式设计训练——自拟网站主题，进行网页版式设计与创意练习。

要求：设计 2～4 个网页页面，分析版式类型。

第 4 章 网页各组成部分的设计和制作

本章知识点
- 标题栏的设计和制作
- 导航条的设计和制作
- 广告栏的应用
- 网页背景的制作和应用
- 页眉和页脚的设计

本章学习目标
- 掌握标题栏的设计和制作
- 掌握导航条的设计和制作
- 了解广告栏的应用
- 掌握网页背景的制作和应用
- 掌握页眉和页脚的设计

我们在互联网上浏览网页时,各种各样风格不同的网页给我们带来了美好的视觉感受。但无论网页是何种类型、何种风格,设计得精妙还是平庸,从网页的构成要素来讲,基本上都是一致的。本章主要介绍网页各组成部分的设计要点,并以"绿之韵环保网站"为例介绍网页各组成部分的设计和制作。

4.1 网页标题栏的设计和制作

4.1.1 网页组成简介

常见的网页一般包括标题、导航以及页面内容三大部分,如图 4-1 所示。

标题:网页标题是对一个网页的高度概括,一般来说,网站首页的标题就是网站的正式名称。通常包括网站标志、网站名称两部分。

导航:网站导航(navigation)是指通过一定的技术手段,为网站的访问者提供一定的途径,使其可以方便地访问到所需的内容。网站导航的基本作用是为了让用户在浏览网站过程中不致迷失,并且可以方便地回到网站首页以及其他相关内容的页面。

页面内容:文字与图片是构成一个网页的两个最基本的元素。可以简单地理解为:文字,就是网页的内容;图片,就是网页的衣服。除此之外,网页的元素还包括动画、音乐、程

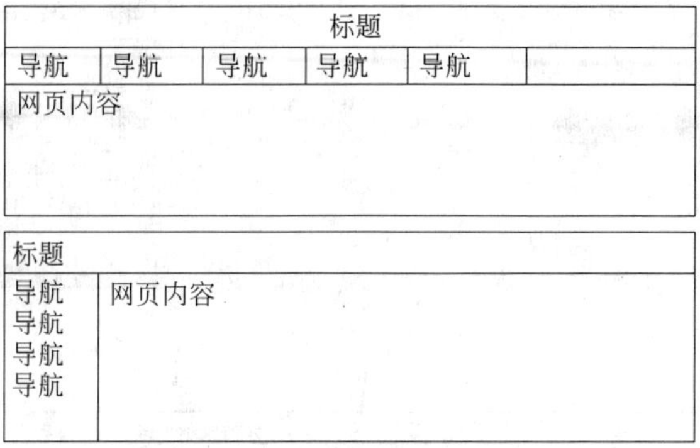

标题				
导航	导航	导航	导航	导航
网页内容				

标题	
导航 导航 导航 导航	网页内容

图　4-1

序,等等。网页的另一个重要组成部分是超链接,它是一种允许我们同其他网页或站点之间进行链接的元素。各个网页链接在一起后,才能真正构成一个网站。

4.1.2　网页标题栏的设计与制作

1. 新建文件

启动 Photoshop CS3,选择"文件"→"新建"命令,设置文件大小为 1004×600(宽度×高度),分辨率为 72 像素/英寸(dpi),色彩模式为 RGB,背景颜色为白色,文件名称为"绿之韵首页",如图 4-2 所示。

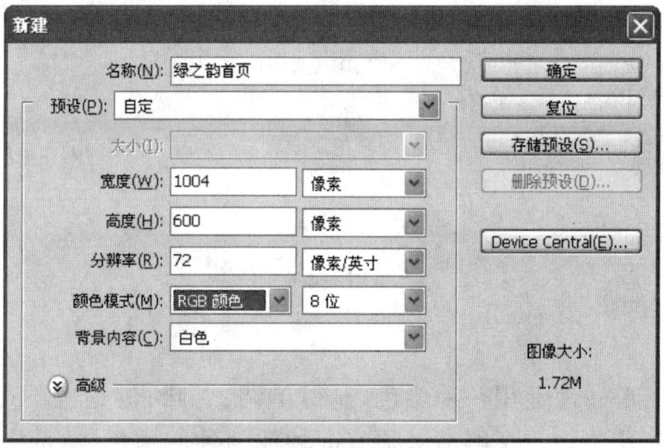

图　4-2

2. 创建图层

单击图层面板右下角的创建新图层按钮 ,如图 4-3 所示。创建"图层 1",双击"图层1"文字,修改为"标题背景",如图 4-4 所示。当前选中哪个图层,单击创建新图层按钮后,新图层就会出现在当前选中的图层之上,可以用鼠标拖动图层来改变图层的层次顺序,或按Ctrl+【键或 Ctrl+】键来调整当前图层的顺序。

3. 用钢笔工具勾画标题背景区域

使用工具箱中的钢笔工具 ,设置属性为路径方式,如图 4-5 所示。

图 4-3

图 4-4

图 4-5

按图 4-6 所示的锚点连续单击鼠标,用钢笔工具勾勒出标题背景的基本形状,到最后一个节点时单击第一个锚点,封闭路径。使用路径选择工具单击路径上的锚点,然后按住鼠标拖曳,可以对路径进行调整,拖动控制柄使曲线变得圆滑。

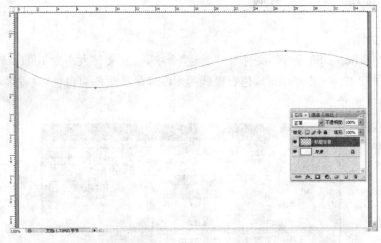

图 4-6

4. 填充颜色

一个网站不可能单一地运用一种颜色,显得单调、乏味;但是也不可能将多种颜色运用到网站中,显得轻浮、花哨。一个网站必须有一种或两种主题色,适量搭配小部分对比色(补色系)的色彩,达到谐调的效果。由于是环保网站,所以我们用绿色作为主色调来完成这个首页设计。

使用路径面板将路径作为选区载入工具按钮 ▣ ,把第 3 步的路径转换为选区(或按 Ctrl+Enter 键),选择渐变工具,设置线性渐变为深绿色到淡绿色的渐变,对标题背景选区填充背景色,如图 4-7 所示,作为网站首页的标题栏。

4.1.3 Logo 的设计与制作

传统网页的标题栏主要放置网站标志(Logo)、快速导航、顶部 Banner 广告或者站内搜

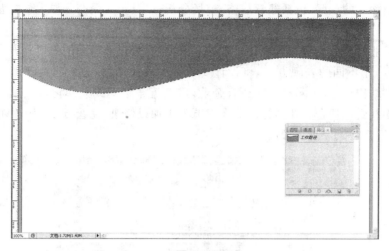

图　4-7

索等常用元素，如图 4-8 所示。有些个性化网页也把收藏、设为首页、站内搜索等功能放在标题栏的区域。

图　4-8

　　Logo 是指那些造型单纯、意义明确的统一、标准的视觉符号，一般是网站的文字名称、图案记号或者两者相结合的一种设计。标志具有象征功能、识别功能，是网站的形象、特征、信誉和文化的浓缩，一个设计杰出的符合网站理念的标志，会增加网站的信赖感和权威感，在社会大众的心目中，它就是网站或者某个品牌的代表。一个好的 Logo 往往会反映网站及制作者的某些信息，特别是对于商业网站。我们可以从中基本了解到这个网站的类型，或者内容。

　　标志不仅仅是一个图形或文字的组合，它是依据企业的构成结构、行业类别、经营理念，并充分考虑标志接触的对象和应用环境，为企业制定的标准视觉符号。在设计之前，首先要对企业做全面深入的了解,包括经营战略、市场分析,以及企业最高领导人员的基本意愿,这些都是标志设计开发的重要依据。并从中挖掘一些设计要素。

有了对企业的全面了解和对设计要素的充分掌握,可以从不同的角度和方向进行设计。充分发挥想象,用不同的表现方式,将设计要素融入设计中,标志要达到含义深刻、特征明显、造型大气、结构稳重、色彩搭配能适合企业,避免流于俗套或大众化。经讨讨论分析,从若干个方案中找到最适合企业的标志。在细节上再加以修改、完善,最终确定网站的 Logo。

如图 4-9~图 4-11 所示网站的 Logo。

图　4-9

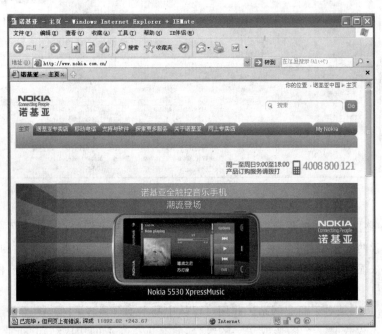

图　4-10

图　4-11

Logo 有静态和动态两种。静态 Logo 可以用 Photoshop、Firework、Coreldraw 等软件设计;动态 Logo 可以用 Imageready、Flash、Easy GIF Animator 等软件设计。本书中主要讲解静态 Logo。

下面继续完成"绿之韵网站首页"标题栏中 Logo 的制作。

(1) 使用自定义形状工具 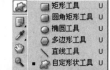,如图 4-12 所示;选择形状列表中的叶片形状 ,设计形状图层样式 ,填充颜色为深绿色,如图 4-13 所示;绘制绿叶形状,并运用图层阴影样式添加阴影,利用自由变形工具(Ctrl+T)旋转叶片的角度,完成后 Logo 如图 4-14 所示。

图　4-12

图　4-13

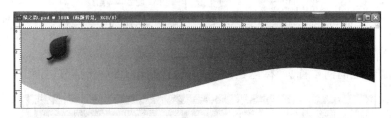

图　4-14

(2) 使用文字工具,图层描边样式,添加网站标题信息、网址 URL 信息,如图 4-15 所示。

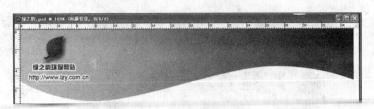

图　4-15

4.1.4　网页标题栏 Banner 的设计与制作

网页的 Banner,其实也是一种广告条。主要用于传递一些信息,起到广而告之的目的。比如,网站要开展的活动、网站的新动向、商品信息等。

1. Banner 的设计原则

由于网站 Banner 的作用是向访问者传递信息,随着网络的发展,Banner 已经成为投放网络广告的重要途径,也是一些以广告营利的网站的重要手段。因此,在设计的时候应该注意以下几点:

使用鲜明的色彩,吸引访问者的注意。在色彩的选用上,更多地选用红、橙、蓝、绿、黄等鲜艳的颜色,如图 4-16 所示。

图　4-16

2. Banner 上的文字,具有很强的号召力

日常生活中的广告,就是要促使更多的人去购买相应的产品,在消费者心目中树立产品的形象。广告语对这个作用起到相当的推动作用。例如我们经常听到的"nothing is impossible"、"雀巢咖啡,味道好极了"等。网站 Banner 也同样具备这样的特点,所以要让 Banner 中的文字给予访问者很强的号召力、吸引力,如图 4-17 所示。

图　4-17

继续完成"绿之韵网站首页"标题栏的制作,设计制作 Banner 部分,如图 4-18 所示。

图　4-18

4.2　导航条的设计与制作

4.2.1　网页导航条简介

网站导航是指通过一定的技术手段,为网站的访问者提供一定的途径,使其可以方便地访问到所需的内容。网站导航的基本作用是为了让用户在浏览网站过程中不致迷失,并且可以方便地回到网站首页以及其他相关内容的页面。

一个网站的导航菜单是整个网站布局中最重要的部分之一,当用户访问你的网站时,导航菜单起到了举足轻重的作用,设计有个性、摆放科学的导航菜单,可以更加清晰地引导用户的每一步站内操作,并向用户直观地传达网站内容的特点。让访问者了解在用户网站中:我在哪里、我去过哪里、我可以去哪里。

1. 我在哪里

对于那些层次结构比较多的网站,为访问者提供我在哪里的导航非常重要。这样既可以防止访问者在站点中迷路,又可以使其记住访问过的位置。例如图 4-19 所示的网页导航,当前正在浏览的栏目以黄色显示。

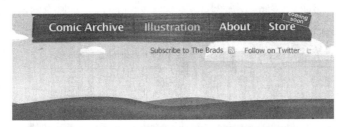

图　4-19

2. 我去过哪里

在访问网站的时候,如果想要知道自己去过哪些页面,可以使用浏览器的返回按钮。但是在浏览网页的时候,会发现这种方法不易于我们了解网站的结构与层次。我们可以使用编程的方法很好地解决这个问题。如图 4-20 所示的网页导航,通过编程的方式记录之前访问过的页面,并按浏览先后顺序显示:"您的位置:虎扑 NBA＞NBA球员＞埃迪-豪斯"。

图　4-20

3. 我可以去哪里

给出与访问者目前浏览内容相关的导航（见图 4-21），那么这个导航在功能设计上，可以说无可挑剔。所以，在网页设计时，结合全网页的内容、访问者的特点，可以灵活设计导航，尽可以让访问者了解在这个网站中：我在哪里、我去过哪里、我可以去哪里。

4.2.2　导航条的设计要求

为了将网站信息更有效地传递给用户，导航条设计一定要简洁、直观、明确。

一般来说，要注意以下几点：

（1）导航条的色彩要与网站的整体相融合，在颜色上通常不要求像 Logo、Banner 那样色彩鲜明。

（2）根据访问者的浏览次序和网页内容的安排，放置在网页显眼的位置。放置在网页的正上方或正下方，可以很好地展示精心设计的导航条；放置在网页的左侧或右侧，可以展示列表导航。

图　4-21

（3）导航层次清晰，能够简单明了地反映访问者浏览的层次结构。越来越多的设计精美的网页导航不再拘泥于规则的导航，而是把导航融入到整个网页背景中去，给浏览者导航的同时，也带来了更强的视觉冲击，如图 4-22、图 4-23 和图 4-24 所示网站的导航。

Tennessee Vacation

图　4-22

Cognigen

图　4-23

Alpine Meadows

图　4-24

4.2.3　导航条的设计

根据网站首页版式设计、网页栏目、网站内容、网站风格等各方面的考虑,设计导航条的样式、位置、颜色。如根据本章的环保网站实例,可以设计如图 4-25 所示的导航。

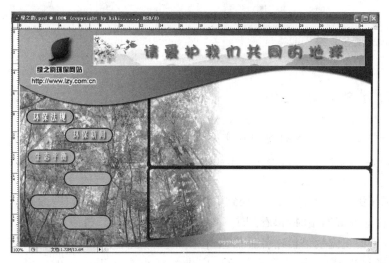

图　4-25

4.2.4　导航的位置

为了使网站的整体风格一致,可以把导航信息以相同的形式固定在不同页面的相同位置,这些位置可以是页面的上部、下部、左侧、右侧和中部。页面中间一般放置主体内容,所以页面实际上有 4 个区域比较适合放置导航元素,即顶部、左侧、右侧和下部。放在下部需要将网页控制在一屏以内。

像图 4-25 所示的例子,就把导航放在页面的左侧,页面的右侧放置网页的主体内容。

4.2.5　导航的方向

导航的方向是指导航文字的排列方式。有横排导航、竖排导航和倾斜导航三种情况,也有少数不规则的导航。导航方向很大程度上影响了网页平面的空间分割与版式风格,运用得体能起到事半功倍的效果。

横排导航占用页面空间最少,经常使用在信息量比较大的门户网站、资讯网站中,显得很大气。因此,不少企业网站也采用了横排导航。

竖排导航占用空间较多,通常位于页面的左侧,比较适合阅读者的视觉心理。竖排导航像传统的菜单,符合使用规律。也有不少网站把传统的竖排导航改进成折叠式的树形导航,以节省空间。

倾斜导航打破了网页由于表格排版造成的横向与竖向的格局,拥有很强的视觉冲击力。

但是由于它的个性特征太鲜明,不适用于信息量丰富的网站。通常在一些个人网站上比较常用。

网页可以通过色彩变化、字号大小、多级子栏目、动画效果等方法来告诉浏览者现在所处的位置,增加页面的辨识性。通常,可以在导航中加入图片、背景色、栏目线等装饰元素,以突出其视觉效果。

4.3 广告栏的应用

4.3.1 网页广告的定义

网页广告栏是指用条状的图像和文字内容显示出广告信息的一种广告类型。这种广告即是对网页页面的一种点缀,也是用超链接的方式引导用户访问某一页面的有效工具。

相信大家在访问营利性网站,如搜索引擎、新闻网站、媒体网站、聊天网站、网上电子商务、专业服务供应商等网站时,都看到了一个接一个的华丽的广告条。网页广告条可以使一些企业通过丰富的视觉效果传递各种信息(包括企业的徽标、产品、活动内容等)来得到较好的广告效应,还可以使网站的运营商通过广告的征集来获得一定的收益。如图 4-26~图 4-28 所示常用网页广告条的大小通常为 480×60 像素、120×240 像素或 125×125 像素。

图 4-26

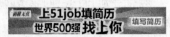

图 4-27   图 4-28

4.3.2　网页广告条的种类和特点

网页广告条有三种：静态效果网页广告条、动画效果网页广告条和交互式网页广告条。

静态效果网页广告条，是指没有动画效果的，仅仅是通过一幅固定的图像提供可以跳转到目标页面的超链接，如图 4-29 所示。

图　4-29

动画效果的广告条，依次显示多个帧的图像以达到动画效果。有 GIF 和 SWF 两种格式，如图 4-30 所示。

图　4-30

交互式网页广告条,根据用户的操作,相应地显示出不同内容的交互式网页广告条,可以实现与用户的交流。使用 Flash 制作,如图 4-31 所示。

图　4-31

现在的网页广告条更多以动画、互动的形式为主,采用 Imageready、Flash 制作为主流,由于其卓越的视觉表现和互动效果,已经被众多网站所运用。

网页动画广告具有它独有的特点,得到众多的网页设计者和浏览用户的喜爱。以较小的面积吸引较多的注意力,视觉冲击力极强。对于追求点击率为宗旨的广告商来说,无疑是最好的选择。使信息从二维空间扩展到三维空间,为信息的展示提供了一个延伸的平台。比静态的图像文字更具吸引力。生动形象,有些辅以适当的音乐,大大加强表现的真实性、生动性和感染力,加强宣传的效果。

4.3.3　网页广告条的标准

当为设计网页广告条准备好一切之后,首先应该知道什么样的才能够称得上是优秀的网页广告条设计作品。简单地说,无非是把想要传递的信息通过文字和图像完美结合,以最恰当的方式体现给用户,才算是个成功的网络广告条。

下面是制作网络广告条应注意的问题:

• 不要太简单!——问题与图像的协调

如果一个网页广告条是仅由文字构成,那么绝大多数用户连理都不理,只有结合了适当的图像,才能够吸引更多用户的目光。

• 不要等待!——适当的广告时间

一次动画的播放时间通常应在 5～8 秒的时间内,过于漫长的动画过程会使用户兴趣全无。

- 不要太多的文字！——广告语一定要言简意赅

网页广告条中显示的文字应该尽量简短，又能充分表现出需要传递的信息。只有这样，才能够使用户更易于接收你所传递的信息。

- 不要太复杂！

要在有限的广告条画面范围内提供更多信息，这种想法是错误的！主题鲜明才是一个网页广告条必须遵守的一项原则。

- 文件尽可能小！

效果要尽可能好，但是文件要尽可能地小。

除此之外，为了使得网页广告条能收到更好的广告效果。我们可以采用扩大广告效果的几种方法。

- 网页广告条的位置尽可能是网页页面的中央上方：因为打开了一个页面之后用户通常都会自上而下地进行浏览，所以网页广告条的最佳发布位置是中央上方。其次，因为窗口的滚动条通常位于画面右侧，所以相对于画面左侧而言，右侧的广告效果会更好。

- 广告条越大，广告条的点击率越高：根据日本广告协会对网页广告条的调查结果表明，当一个网页广告条的大小扩大为 2 倍时，该网页广告条的点击率就会增加到原来的 1.6 倍；当网页广告条的大小扩大为 3 倍时，该网页广告条的点击率就会增加到原来的 2.5 倍；当网页广告条的大小缩小为原来的一半时，该网页广告条的点击率就会减少到原来的四分之一。

- 广告条的颜色越鲜明，点击率就越高：网页广告条所使用的主色调也会在很大程度上影响网页广告的点击率。据调查，蓝色系、黄色系、绿色系对用户的视觉刺激比较大，且会给人一种安详与宁静的感觉。而白色系、红色系、黑色系会给用户带来急躁、压抑等感觉。

- 信息要简短易懂，风格要连贯统一：对一个网页广告条来说，信息的简短与风格的统一是至关重要的。即使你在网页广告条中显示了一长串文字，没有用户会耐心读完所有文字，反而会让他们感到反感。

- "免费"、"赠送"是人们永远喜欢的字眼："免费"、"赠送"等字眼永远都能吸引大部分人的目光，这些文字至少能为广告条增加 10%～40% 的点击率。

- 网页广告条要尽可能使用动画效果：一个变化中的物体总是更吸引人注意，所以动画效果也是一个网页广告条成败的关键所在。

- 多使用邀请、劝诱语气的文字："现在就来参加吧"、"请即参加"等具有邀请、规劝语气的文字内容总是能够吸引更多人的，因为见到这些文字之后会引发很多人无意识的动作。合理地使用这种预期的文字，能提高 11%～15% 的点击率。

- 疑问语气的文字也能提高点击率：在浏览网页时，很少有人会对网页广告条中的文字进行深入的分析，所以当他见到一段疑问形式的文字，或许会吸引他去进行解答。疑问语气的文字也能够为网页广告提高 16% 左右的点击率。

- 尽可能减少网页广告条文件容量的大小：打开一个网页页面，最先显示的广告条一定是文件容量相对较小的一个。所以，为了能更早地吸引用户的注意力，应该尽量减少广告条文件的大小。不然很有可能在你的广告条显示之前，用户已经跳转到另一个页面。

- 在广告条下方显示文字链接：在网页广告条下方显示文字链接，当用户的目光引向广告条之后，文字内容也自然映入眼帘。

4.3.4 网页广告的应用

网页广告的制作目的在于向更多用户传递活动信息、吸引更多用户参与活动、得到更好的广告效应、获得更多的用户信息。

网页广告具有一定的时限性，因为大部分广告条都是为了某个具体的活动而设计的，在活动结束之后广告条可能会随之删除或替换。所以，作为一个成功的网页广告条，一定要在最短的时间内得到最佳的广告效果。

网页广告条的主体通常是当今流行的人物或事件，因为每一项活动的策划都会考虑到各种潮流，所以在广告条的设计上，同样要遵循这种规则。例如，在"世界杯"期间，大部分网页广告都用了"世界杯"主题，以吸引更多人的注意。设计、制作、应用广告条时，也应该时刻留意社会中被认为时尚和流行的各种信息，通过巧妙的设计将其融入到网页设计中去。

因为每个季节都会给人们不同的感受，所以很多公司的网页也会随着季节的变化而进行改版。很大程度上，这是为了给用户传达欣欣向荣的、不断进步的企业形象。网页广告的制作也一样。例如，当活动的时间是在"春节"、"除夕"、"情人节"等特殊的日子，一定要在每个节日的特殊氛围中将活动的信息传递给用户，这样用户更易于接受。

4.4 网页背景的制作和应用

4.4.1 网页背景简介

网页中的背景设计是相当重要的，尤其是对于个人主页来说，一个主页的背景就相当于一个房间里的墙壁地板一样，好的背景不但能影响访问者对网页内容的接受程度，还能影响访问者对整个网站的印象。如果你经常注意别人的网站，你应该会发现在不同的网站上，甚至同一个网站的不同页面上，都会有各式各样的不同的背景设计。

4.4.2 网页背景的种类和特点

1. 颜色背景

颜色背景的设计是最为简单的，但同时也是最为常用和最为重要的，因为相对于图片背景来说，它有无与伦比的显示速度上的优势，如图 4-32 所示。

颜色背景虽然比较简单，但也有不少地方需要注意，如要根据不同的页面内容设计背景颜色的冷暖状态，要根据页面的编排设计背景颜色与页面内容的最佳视觉搭配等。

实现的 HTML 语法为：

```
<body bgcolor="color">
```

图 4-32

2. 沙纹背景

沙纹背景其实属于图片背景的范畴,它的主要特点是整个页面的背景可以看做是局部背景的反复重排(见图 4-33),在这类背景中以沙纹状的背景最为常见,所以将其统称为沙纹背景,如图 4-33 所示。

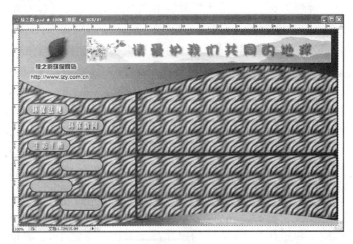

图 4-33

初学网页制作可能都有这样的经历,当试图把自己的照片作为页面的背景时,却发现浏览器上显示出来的不仅仅是一张照片,而是同一照片在水平和竖直方向上的重复排列。这就是浏览器处理图片背景时的方法,利用这一规律我们可以用一小块图片作为页面背景,让它自动在页面上重复排列,铺满整个页面,从而使网页的体积大大减小。

沙纹背景的原理和实现方法,就是找一个小的图片,越小越好,但注意要使最后的背景看起来要像一个整体,而不是若干图片的堆砌。

实现的 HTML 语法为：

```
<body background="picture">
```

3. 条状背景

条状背景与沙纹背景是比较相似的，它适用于页面背景在水平或竖直方向上看是重复排列的，而在另一方向上看则是没有规律的。它也是利用浏览器对图片背景的自动重复排列，与沙纹背景所不同的是它只让图片在一个方向上重复排列，如图 4-34 所示。

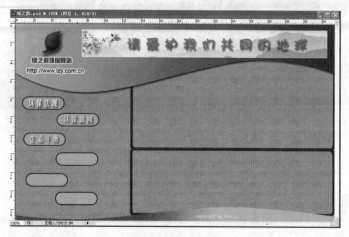

图 4-34

以在竖直方向上排列为例，首先用图像处理软件做一个从左到右为蓝白渐变的水平条状图片，其长度与页面的宽度相当。将其设为页面背景，经浏览器显示后，就成为整个页面从左到右蓝白渐变的分栏颜色背景。当然，也可以用类似的方法实现条状背景在水平方向上的重复排列。

4. 照片背景

把自己或朋友的照片作为页面的背景让大家看到，是有点令人激动的事情，但浏览器对图片的自动重复排列却使这一愿望难以实现。使用 CSS 样式表，可以解决这个问题。这样，在网页页面中，就可以看到照片位于页面的正中间，而且在拉动浏览器窗口的滚动条时，照片仍然位于页面的正中间而不随页面内容一起滚动。如你对照片位于页面的正中间不满意，也可以通过 CSS 样式表，随意地调整它在页面中的位置，如图 4-35 所示。

5. 复合背景

综合使用颜色背景和照片背景，会看到照片浮于颜色背景之上，二者能够同时正常地显示出来，如图 4-36 所示。

6. 局部背景

也可以把上述的几种背景应用在表格的单元格或图层上，局部改变网页的背景。

4.4.3 网页背景的设计

网页背景决定了网站的主题，网页背景也在一定程度上决定了网站的视觉效果。随着网页设计的演化，网页风格也不断变化，其中，尤其以网页背景的变化最为显著。网页背景

图　4-35

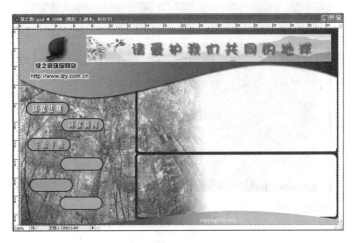

图　4-36

直接决定着网页的主题。总的来说,网页背景普遍综合运用到上述的各种传统背景,采用分层背景的方法设计,如图 4-37 所示。

4.4.4　网页分层背景的设计要点

主背景,也叫底层背景,经常是图片、图案、材质或者其他图形元素。

内容背景,主背景上面的称为内容背景,是文本、图案以及其他基本数据或信息的背景。

主背景与内容背景采用分层的方式,层叠在一起,构成色彩丰富、构图精美的画面。

例如,如图 4-38 所示的网页背景:主背景采用纹理背景,内容在主背景上。图片内容用白色边框与主背景拉开层次,文字内容使用对比强烈的颜色直接放在图片内容上。

在图 4-39 所示的网页中,主背景是一张大的图片,内容在背景的最顶层。内容背景采用实心背景,而网页头部内容背景采用透明背景,网页底部内容背景采用半透明背景。

图　4-37

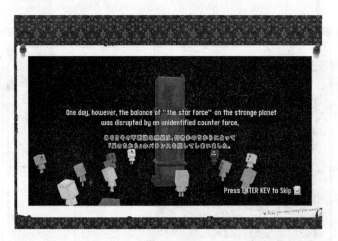

图　4-38

图　4-39

图 4-40 所示网页采用纯色作为主背景,文字、图片内容直接放在主背景上,运用图层阴影样式、纹理边框,把内容与主背景的层次拉开。

图 4-40

图 4-41 所示网页主背景采用纯色带纸纹背景,内容背景为渐变色,利用 Photoshop 图层样式制作立体效果。允许一些内容融入背景区域或者一些图案融入内容区域,能收到很好的视觉效果,如图 4-42 所示。

图 4-41

图　4-42

4.5　页眉和页脚的设计

4.5.1　网页页眉简介

网页页眉指的是页眉顶端的部分。有的网页划分比较明显,有的页面没有明确区分或者没有页眉。页眉的风格一般和整体页面风格一致,富有个性特色的页眉有着和网站 Logo 一样的标识作用。页眉的位置注意力较高,大多数网站创建者在此设置网站的宗旨、宣传口号、广告语等,有的设计成广告位,如图 4-43 所示。

图　4-43

4.5.2　网页页脚简介

网页页脚是页面的底部。通常用来标注站点所属公司(社团)的名称、地址、网站版权信息、邮件地址等,如图 4-44 所示。使浏览者能够从中了解到该站点所有者的一些基本情况。

图　4-44

4.5.3　页眉、页脚的设计

　　结合网页整体版面设计，灵活运用各种方法设计网页背景，也可以把网页的页眉、页脚设计得美丽、独特，打破一般的古板的形式，让人眼前一亮，如图 4-45 至图 4-48 所展示的网页的页眉、页脚。

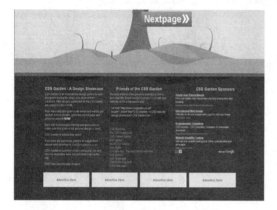

图　4-45

图　4-46

图　4-47

图　4-48

习题 4

4-1　网页通常由哪几部分组成？

4-2　网页导航条有什么作用？

4-3　导航条的设计有什么要求？

4-4　网页广告有哪几种？

4-5　举例说明网页背景的种类和特点。

4-6　请上网浏览不同的网页，并指出网页的各个组成部分。

第 5 章　网页中按钮的制作及应用

按钮和导航是网站设计不可缺少的基础元素之一，导航不仅仅是信息结构的基础分类也是浏览网站的路标。导航是引人注目的，浏览者进入网站，首先会寻找导航条。根据导航菜单，直观地了解网站储备了哪些分类信息以及分类的方式，以便判断是否需要进入网站内部，查找需要的资料。

而按钮作为页面的重要视觉元素，放置在明显、易找、易读的区域是必要的，让浏览者进入网站时第一时间就可以看到它们。

5.1　按钮与网页的关系

按钮是网页中必不可少的基本控制部件，在各种网页中都少不了按钮的参与。因此在网页设计中的按钮设计也是十分重要的，通过它可以完成很多任务，以下将详细讲解按钮在网页中的作用以及与网页的关系。

网页按钮一般可以分为动态按钮和静态按钮两种。它们出现的方式是多种多样的，可以是文字，可以是抽象或具象的图形，可以是普通的图片，也可以是其他网站和公司的产品标识或 Logo。

1. 文字按钮

文字按钮在网页的布局中可以达到线或点构成元素的作用。无论是哪种构成元素，它所起的都是平衡画面的作用，简单地说，就是平衡画面的黑白关系、疏密关系、色彩关系等。文字横向或是纵向的排列，使文字组合成为一个线性的元素，或是一个点的元素参与到与网页的整体构图中，图 5-1 为未添加文字前的导航栏，图 5-2 为添加文字后的效果，图 5-3 为文字按钮在网页中的应用。

图　5-1

图　5-2

图　5-3

　　文字按钮还有个好处是可以对页面进行搜索引擎优化,文字链接对应的网址出现的次数越多,在搜索引擎上排名就越靠前,所以很多设计师喜欢用文字链接。

2．图片按钮

　　图片形式的按钮广泛应用在商业网站或个人网站中。一般用于展示产品图片或是新闻索引,也可以体现出网页个性的一面。在网页的布局中,可以起到"面"或"点"构成元素的作用,如图 5-4 所示。其中图片所占位置起到了"面"的作用,使画面的黑白关系得到了调和。图片是产品的图片,连接后是单独的产品介绍,这种手法也是现代商业网站中较为常用的。

图　5-4

如图 5-5 所示,图片按钮是以"点"的形式出现在网页中的,按钮在网页中起到了平衡页面构图关系的作用。图片是一张产品图片,主要是引导一个产品的说明。

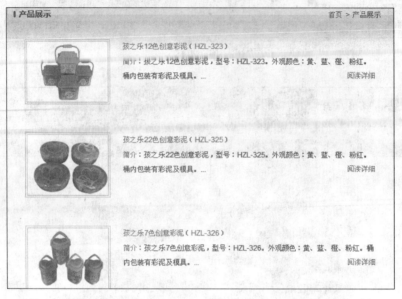

图　5-5

在许多网页中,为了突出个性,往往会使用一些特殊的图片作为按钮,如图 5-6 和图 5-7 所示,在这里就不一一介绍了。

图　5-6

3. 图形按钮

图形按钮也是网页中较为常见的一种按钮。与文字按钮类似,它在网页布局中起到的作用也是"点"或"线"的作用。图形按钮的样式较多,在这里把它分成由网页框架派生而出的图形按钮和相对独立的图形按钮两种。

图片按钮

图 5-7

（1）由网页框架派生出的图形按钮

这是网页中最为常见的一中按钮样式，它一般与网页的框架联系在一起，成为一个整体，如图 5-8 至图 5-10 所示。

图 5-8

图 5-9

图形按钮

图　5-10

在制作这种按钮时,注意按钮的颜色要与框架的颜色统一和谐,使其能够融入网页的框架之中。在形式上要符合网页整体的规划,这种依附于框架的按钮往往是由框架的形式所决定的。所以在制作之前要充分考虑框架与按钮的造型关系是否统一。

(2) 相对独立的图形按钮

这也是网页中常见的按钮样式。但与上一种不同,它脱离了框架的依附而独立存在,这种按钮制作起来更为灵活,更能发挥设计者的想象力。它的造型一般说来不受限制,可以是椭圆形、矩形、三角形,更可以是一些不规则的形状,如图 5-11 和图 5-12所示。

图　5-11

在图形按钮中,也有一些较难区分的按钮样式。这些按钮样式无疑会给网页带来另类的气息,更张扬了网页的个性,如图 5-13 和图 5-14 所示。

4. 标识性按钮

标识性按钮是商业网站中经常使用的一中按钮样式,应用十分普遍。尤其是在公司网页宣传、产品宣传等情况下应用较多。标识性按钮一般是一个公司的标识,也可是网站的

图　5-12

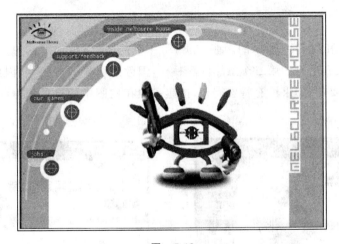

图　5-13

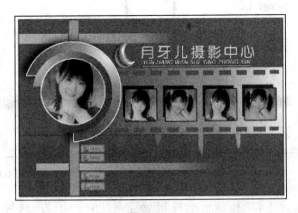

图　5-14

Logo、产品的图标等,如图 5-15 所示。它的出现完全是为了宣传,所以对整个网页形象所起的作用不大,一般会以"点"的形式出现在网页之中,起到丰富网页的作用。在应用时,要注意它的出现尽量不要过于花哨,所占面积不能过大,若面积过大会影响整个页面的布局风格。

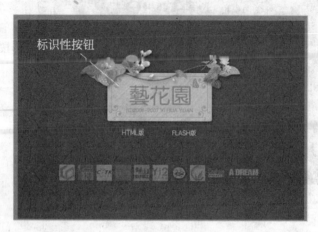

图　5-15

　　观察图 5-16 和图 5-17 所示的两张网页,第一个构图、颜色尚可,但是由于标识按钮过大,以至于网页没有重点。第二个虽然内容一样,但效果明显要好一些,因此各个部分的主从关系也是很重要的,如果没有特殊需要,按钮一般在构图中的体积应避免过大,起到点缀的作用即可。

图　5-16

图　5-17

　　在有些网站的设计中,把标题性的按钮放置在统一的地方,这种方法既可以突出按钮,又可以合理分割网页的构图,如图 5-18 所示。该网页把所有的标题按钮放在了网页的右侧,不仅规划出了按钮的区域,使按钮更突出,又合理安排了画面,不至于画面过于凌乱。

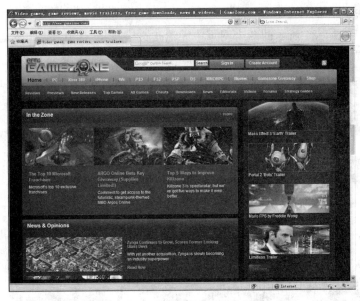

图　5-18

5. 按钮的混合运用

各种按钮都有自身的特点,但并不是任何形式的按钮放在一起都是和谐的,在同一个网页中,主要按钮出现的形式不应超过三种。太多的形式会使网页显得杂乱无章,风格不统一。但即便是按钮的形式很少,也未必会达到统一的效果,使按钮在网页中和谐统一有以下一些方法。

(1) 以一种按钮为主

无论网页中有多少种按钮,只有一种形式的按钮是占绝大多数的,如图 5-19 所示。虽然网页中的按钮样式非常丰富,但数量及面积占大多数的只有左侧的一排按钮。

图　5-19

（2）形式统一

如图 5-20 和图 5-21 所示的两个网页中无论是文字按钮、图片按钮，还是图形按钮都有着同样的颜色或被统一的颜色包围着，所以在视觉上非常和谐。这是比较常用的手法。

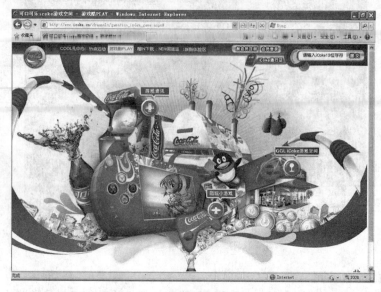

图　5-20

图　5-21

按钮在网页的布局中可以起到"点"、"线"、"面"构成元素的作用。

它起着平衡画面的作用：平衡画面的黑白关系、疏密关系、色彩关系等。

这里分析了网页中常见的几种按钮样式与网页的关系。其实网页中的按钮设置是非常灵活的，并不都是有章可寻的。所以在设计网页按钮的过程中要充分发挥制作者的创造力，这样才能创造出与众不同的网页来。

5.2　按钮的设计原则

设计按钮时尽量避免以下设计禁忌,会使网页设计更上一层楼。
- 同一页面包含重复功能的按钮。
- 将复选框用作单选按钮。
- 单选按钮之间间隔太大。
- 取消按钮无法真正取消操作。
- 返回按钮不能达到预期的目的。
- 图片按钮被按下后没有视觉变化。

5.3　常见按钮样式的制作

在个性张扬的今天,互联网也应注重展现个性,不同的网站应采用不同的按钮样式,按钮设计得好坏直接影响了整个站点的风格。下面介绍几款常用按钮的制作方法。

5.3.1　网页中的按钮设计

按钮与导航条是密不可分的,将按钮以一定的方式排列组合到一起就形成了导航条。由于排列方式的不同,导航条的形式也多种多样,包括横排导航、竖排导航、多排导航和自由导航等,一般情况下,导航条都出现在网页的左侧或者上方,位于网页左侧的导航条多为竖排导航条,位于网页上方的导航条多为横排导航条,如图 5-22 所示为多排导航。

图　5-22

自由的导航条大多出现在个人网页中,这种设计完全根据网页的设计构成进行安排,在 Photoshop 中利用图层样式功能能够十分轻松地制作出各种按钮的效果,如图 5-23 所示。

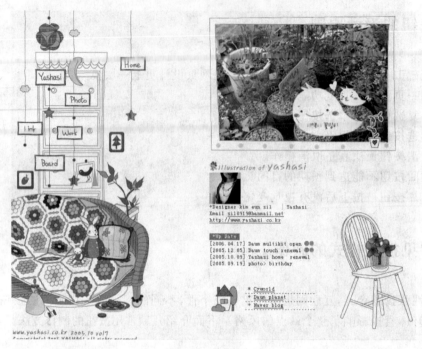

图　5-23

5.3.2　简单按钮的制作

下面讲解如何制作一个简单的按钮,实例效果如图 5-24 所示。

实例效果

图　5-24

操作步骤

(1) 新建一个图像文件,宽度 250 像素,高度 151 像素,背景内容为白色,如图 5-25 所示。

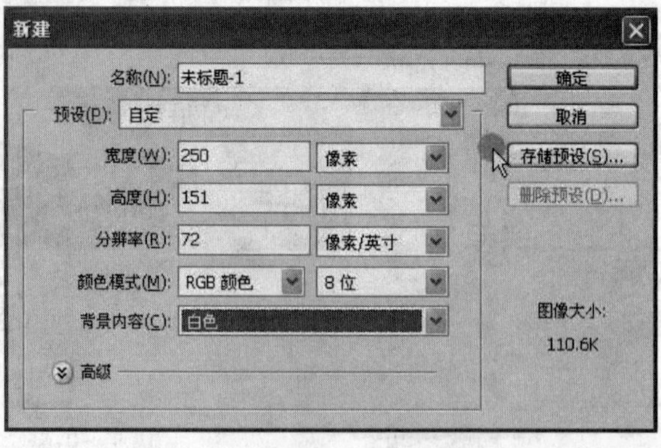

图　5-25

（2）图层面板中单击新建图层按钮，新增图层一，选取
矩形工具，在工具选项栏上按下"形状图层"按钮，设置颜色
为一种灰色（R：171，G：171，B：171），在窗口中拖动鼠标，
绘制出一个灰色矩形，如图 5-26 所示。

（3）在工具选项栏上选择样式为"雕刻天空样式"（见
图 5-27），可以看到此时的颜色变为了斜角蓝白色样式的立
体按钮。

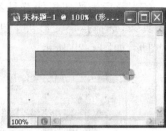

图　5-26

（4）用鼠标双击图层的蓝色区域，打开"图层样式"对话
框，选择"投影"样式，设置好参数（见图 5-28），单击"确定"按钮，为按钮添加好投影效果。

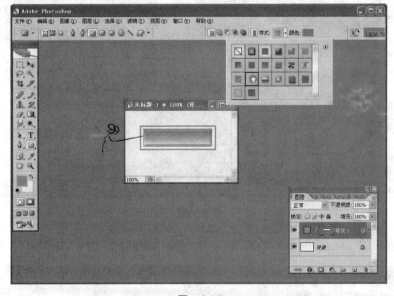

图　5-27

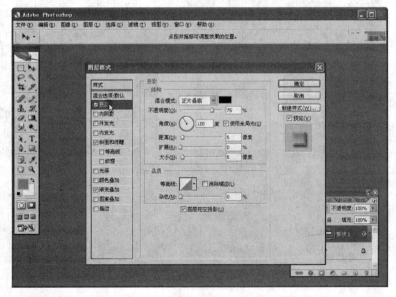

图　5-28

（5）最后为按钮添加符号和文字，新建一个图层，在工具箱中按下矩形工具，弹出隐藏的工具条，选择自定义形状工具，在工具选项栏上选择颜色为白色，在"形状"中选择"选中标记"图形，如图 5-29 所示。

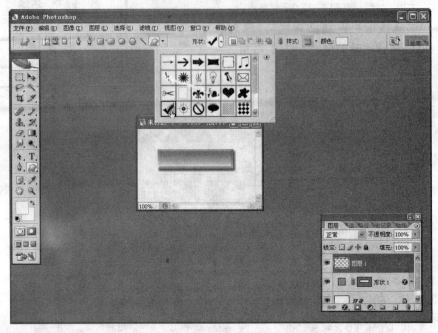

图　5-29

（6）在按钮的左侧拖动鼠标，绘制出"小钩"图形，设置样式为无，如图 5-30 所示。

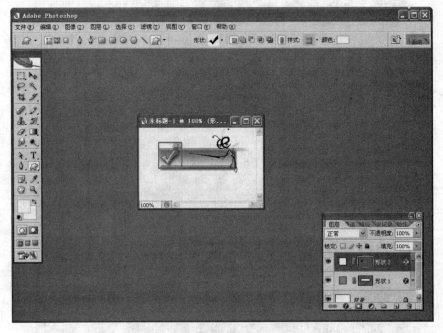

图　5-30

（7）选取移动工具，调整好小钩图形的位置，如图 5-31 所示。

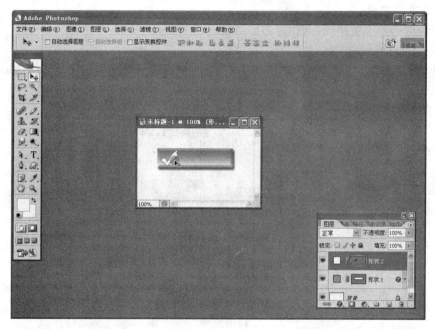

图　5-31

（8）选取横排文字工具，在按钮上单击，输入相关文字，选中文字，选择"窗口"→"样式"，打开"样式"面板，选择"基本投影"，如图 5-32 所示，为文字添加上阴影效果。

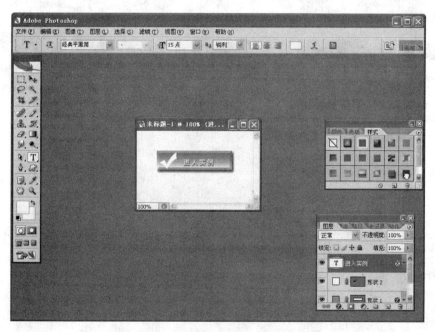

图　5-32

（9）选取移动工具，把文字移动到适当的位置，这样就完成了按钮的制作。

建好如图 5-32 所示的按钮后，请读者按下面"举一反三"中的提示进行制作。

举一反三

（1）渐变按钮

渐变按钮经常会被用到，制作过程如图 5-33 所示。

（2）mac 按钮

苹果公司的 mac 操作系统主题风格美观，常被网页设计师借用，图 5-34 为 mac 按钮的制作过程。

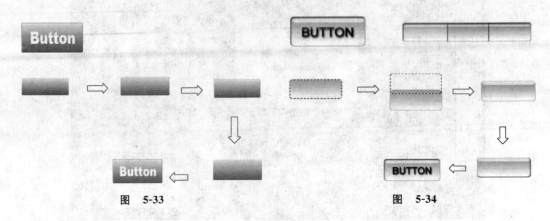

图　5-33　　　　　　　　　　　　　　　　　图　5-34

（3）流行配色按钮

配色按钮色彩突出，与页面搭配效果好，请按图 5-35 所示制作配色按钮。

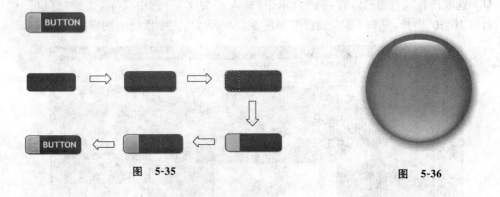

图　5-35　　　　　　　　　　　　　　　　图　5-36

5.3.3　水晶按钮

可能是受 Apple 的影响，水晶按钮可以说是最受欢迎的按钮样式之一，大家争相模仿，下面就教大家制作一款橘红色的水晶按钮，效果如图 5-36 所示。

实例效果

操作步骤

（1）打开 Photoshop，按 Ctrl＋N 键，新建一个宽 15cm，高 15cm 的文件，将它命名为"水晶按钮"。

（2）选择椭圆选框工具，双击鼠标，在工具选项栏里设置："羽化"为"0 像素"，勾选"消除锯齿"复选框，"样式"为"固定大小"，"宽度"为"350 像素"，"高度"为"350 像素"，如图 5-37 所示。

图　5-37

（3）将光标移至图像窗口，单击鼠标左键，画出一个固定大小的圆形选区，如图 5-38 所示。

（4）新建图层"图层 1"，选择前景色为 C0、M90、Y100、K0，设置背景色为 C0、M40、Y30、K0。选择渐变工具，在其工具栏选项栏中设置过渡色为"前景色到背景色"，过渡模式为"线性过渡"。

（5）选择"图层 1"，再回到图像窗口，在选区中按下 Shift 键的同时由上至下拖动鼠标填充过渡色，如图 5-39 所示。

（6）按 Ctrl＋D 键取消选区，选择"图层"→"图层样式"→"投影"命令，设置暗调颜色为 C0、M80、Y80、K80，其他选项设置如图 5-40 所示。

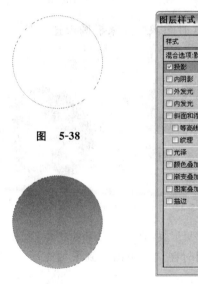

图　5-38

图　5-39

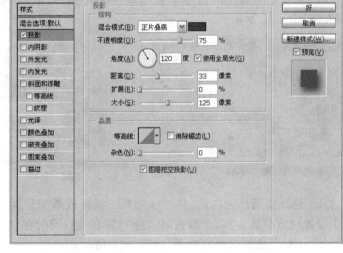

图　5-40

（7）再选择"图层"→"图层样式"→"内发光"命令，设置发光颜色为 C0、M80、Y80、K80，其他选项设置如图 5-41 所示；这次步骤完成后，图像中已经初步显示出红色立体按钮的基本模样了，如图 5-42 所示。

（8）新建图层"图层 2"，选择"椭圆选框工具"，将工具选项栏中的"样式"设置改为"正常"，在"图层 2"中画出一个椭圆形选区，如图 5-43 所示。

（9）双击工具箱中的"以快速蒙版模式编辑"按钮 ，打开"快速蒙版选项"对话框，设置蒙版颜色为蓝色，如图 5-44 所示，单击"好"按钮。此时，图像中椭圆选区以外的部分被带有一定透明度的蓝色遮盖。

（10）选择画笔工具，选择合适的笔刷大小和硬度，这里设置大小为"70"的柔边圆笔刷，将光标移至图像窗口，用笔刷以蓝色蒙版色遮盖部分椭圆，如图 5-45 所示。

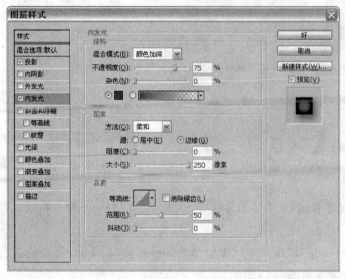

图 5-42

图 5-41

图 5-43

（11）单击工具箱中的以标准模式编辑按钮◎，这时图像中原来椭圆形选区的一部分被减去，如图 5-46 所示。

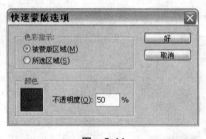

图 5-44

图 5-45

图 5-46

（12）选择前景色为白色，并按 G 键把工具换成渐变工具，在工具选项栏中的"渐变编辑器"中设置过渡模式为"前景到透明"，按下 Shift 键，同时在选区中由上到下填充渐变，之后按 Ctrl＋H 键隐藏选区观察效果，如图 5-47 所示。

（13）再新建图层"图层 3"，按 Ctrl 键，单击图层面板中的"图层 1"，重新获得圆形选区，选择"选择"→"修改"→"收缩"命令，在弹出的对话框中设置"收缩量"为"7"像素，将选区压缩，如图 5-48 所示。

（14）选择矩形选框工具，将光标移至图像窗口，按下 Alt 键，由选区左上部拖动鼠标到选区的右下部四分之三处，减去部分选区，如图 5-49 所示。

图 5-47

图 5-48

图 5-49

（15）仍用白色作为前景色，并再次选择渐变工具，渐变模式设置为"前景到透明"，按 Shift 键的同时在选区中由下到上做渐变填充，之后按 Ctrl＋H 键隐藏选区观察效果，如图 5-50 所示。

（16）选择"滤镜"→"模糊"→"高斯模糊"命令，在对话框的"半径"中填入适当的数值 "7"，单击"好"按钮，加上高斯模糊效果。

（17）回到图像窗口，在图层面板中把"图层 3"的"不透明度"设置为"68％"。至此，水晶按钮就制作完成了，如图 5-51 所示。

读者还可以尝试制作不同色彩的按钮，或者在合并图层后选择"图像"→"调整"→"色相/饱和度"命令，选中"着色"复选框后对按钮进行颜色的变换，将它们运用到你的网页中去，一定会增添许多情趣。

举一反三

图 5-52 所示也是一款水晶按钮，和之前那款红色水晶按钮不同的是这款圆角矩形的按钮更加精致，加入了更多的细节。看上去如此精致的按钮，其操作步骤实际上相当的简单，即使是初学者也可以做到。

图　5-50　　　　　　　图　5-51　　　　　　　图　5-52

这款按钮运用到的"图层样式"有："外发光"、"内发光"、"渐变叠加"、"图案叠加"以及"描边"。其中"外发光"是为了表现出阴影的效果，那么为什么不直接用"投影"呢？这个就需要你来思考了，或者你也可以尝试用"投影"来替代"外发光"，看看效果有什么不同。"图案叠加"实际上是给按钮加上了个不透明度很低的斜纹，使其更特别。要注意的是这款按钮的样式中用到了很多新的"混合模式"，读者要耐心地去调试，找到最适合的。

另外，大家可以看到，这款按钮除了用钢笔工具制作了一个大高光外，左上角和右下角分别有两处小高光，这也是按钮出彩的地方，所以千万不要忽略细节哟！

5.4　导航条的制作

导航条是最早出现在网页上的页面元素之一。导航条就好像一本书的目录，先有章，而后是节，再就是小节。如果把导航条比作图书馆里的标签分类也很形象——文学书这边走，艺术书那边走。没有导航条，那么浏览者在站点内穿梭，岂不是要到处碰壁了么？

导航条既是网站的路标，又是分类名称，是十分重要的。导航栏应放置到页面的显著位置,让浏览者在第一时间内看到它并作出判断,确定要进入哪个栏目中去搜索他们所要的信息。导航栏的设计根据具体情况可以有多种变化,它的设计风格决定了页面设计的风格。反过来,设计师已经大致上有了网页设计的模式,也可以按照模式的方向去把握导航的风格。

我们先在看看导航的分举,横排导航、竖排导航、多排导航、图片式导航、Frame 框架快捷导航、Jump Menu 下拉菜单、隐藏式导航,甚至还可以是动态效果的 Flash 导航等。有时大的导航里面还有小的导航,在某些情况下,大导航和小导航需要设计在同一个页面内。

导航样式非常多,怎样选用适合网页风格的导航呢?

选用导航的先决条件有两个:是否符合页面风格;是否符合信息类别分类。

下面教大家如何用 Photoshop 制作出如图 5-53 所示的导航条。

实例效果

图　5-53

操作步骤

(1) 新建一个宽 500px,高 50px 的文件,将它命名为"导航条"。

(2) 新建图层,命名为"导航背景",选择矩形选框工具绘制 500px×30px 的导航轮廓,填充上前景色,双击图层的缩览图,在弹出的对话框中选择左侧的"渐变叠加",作如图 5-54 所示的设置,其中中间的颜色为"♯4D8EBA",两端颜色为"♯87B6D4"。

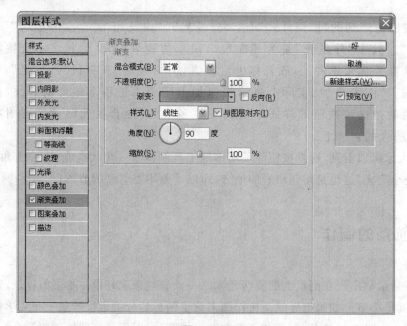

图　5-54

（3）再选择"描边"，作如图 5-55 所示的设置，其中描边的颜色为"♯4D8EBA"。

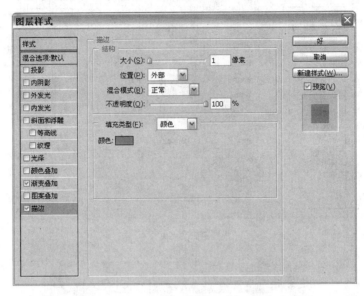

图　5-55

（4）新建图层，命名为"斜纹"，按住 Ctrl 键的同时单击"导航背景"图层读取选区，选择"编辑"→"填充"命令，填充图案如图 5-56 所示，将"不透明度"改为"43％"，得到如图 5-57 所示的效果。

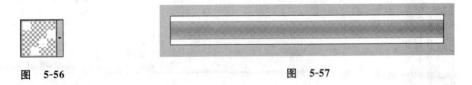

图　5-56　　　　　　　　　　　　　　　　　图　5-57

（5）新建图层，命名为"左上角"，创建如图 5-58 所示的选区，填充渐变色"♯366F99"到"♯5891BA"。同样给该图层添加"图层样式"，"内阴影"参数设置如图 5-59 所示。

图　5-58

（6）再选择"描边"，颜色同样设置为"♯4D8EBA"，"位置"选择"内部"，添加"图层样式"后效果如图 5-60 所示。

（7）复制"左上角"图层，重命名为"右下角"，将其移动到与"左上角"图层对应的位置。

（8）新建图层，命名为"分隔线"，用♯316B94 和白色绘制如图 5-61 所示的图像，在不取消选区的情况下转换到"通道"面板，新建 Alpha1 通道，在选区内由上到下填充"白色→黑色→白色"的渐变，在按住 Ctrl 键的同时单击该通道，回到"分隔线"图层，按 Ctrl＋Shift＋I 键进行反选后按 Delete 键删除，复制几个该图层，分别移动到合适的位置后对齐并合并，效果如图 5-62 所示。

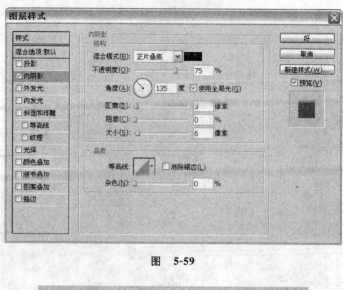

图 5-59

图 5-60

（9）用"横排文字工具"输入各个导航文字，合并后加上"距离"和"大小"分别为"2"像素的投影，最终效果如图 5-63 所示。

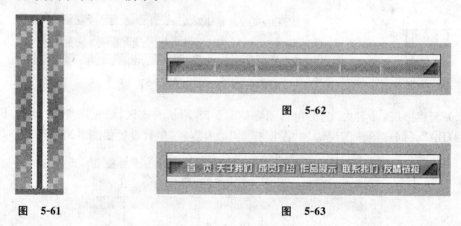

图 5-62

图 5-61　　　　　　　　　　　　　　　　　图 5-63

这是一款制作过程简单易学的导航条，但是却十分常用，大家一定要好好掌握，说不定在今后的网页设计中就能用上。

5.5　动态按钮的制作

动态按钮简单的一种是在动态图片上加上超级链接，经常用在友情链接、醒目的宣传广告、制作成内容量大的 banner 广告栏等。可以用 Photoshop 制作好静态图片，再导入到 ImageReady 里面制作 gif 动画。以下是一个动态按钮的制作过程。

操作步骤

（1）利用 Photoshop 制作简单动态图片的必备条件，即 Photoshop 必须是 7.0 及以上的版本，并且自带有 ImageReady 界面。那么如何判断 Photoshop 是否自带 ImageReady 呢？

① 打开 Photoshop，主界面如图 5-64 所示。

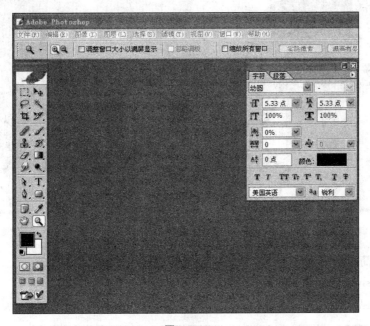

图　5-64

② 按 Ctrl＋Shift＋M 键或单击 ImageReady 转换按钮（见图 5-65）进行切换。

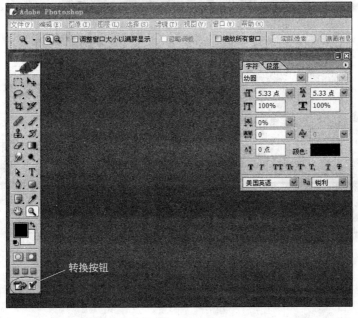

转换按钮

图　5-65

③ 打开的 ImageReady 界面如图 5-66 所示。

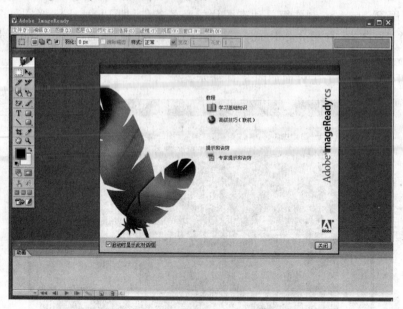

图　5-66

（2）制作简单动态图片的过程中所接触到的几个主要面板工具如下：

① Photoshop 界面中的主要面板工具如下：

工具箱：包括转换按钮，其他工具按钮暂不作介绍，如图 5-67 所示。

图　5-67

图层面板：包括指示图层可视性按钮、创建新图层按钮、删除图层按钮等，如图 5-68 所示。

图 5-68

② Adobe ImageReady 界面中的几个主要工具如下：

动画面板：包括选择延迟时间按钮、播放/停止动画按钮、复制当前帧按钮、删除选中的帧按钮等，如图 5-69 所示。

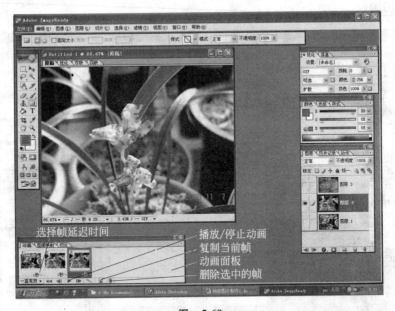

图 5-69

图层面板：包括指示图层可视性按钮、创建新图层按钮、删除图层按钮等，如图 5-70 所示。

（3）制作简单动态图片的方法。

① 打开 Photoshop，选择"文件"→"打开"命令，打开用来制作动态图片的图像。

选择"图像"→"图像大小"命令，然后在打开的"图像大小"对话框中设置图像的"宽度"

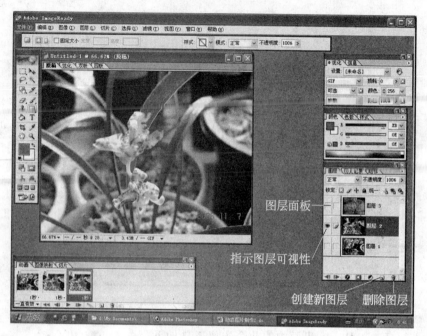

图 5-70

和"高度",如宽度为 800 像素,高度为 600 像素。设置好后单击"确定"按钮,如图 5-71 所示。之后关闭图像。

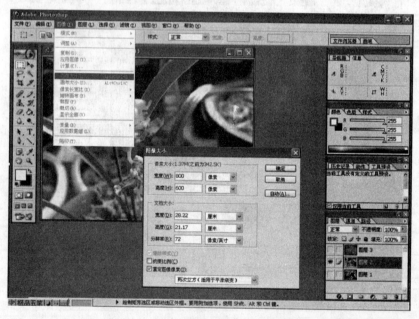

图 5-71

按上述方法,把准备用来制作动态图片的所有图像设置为同样大小。关闭所有打开的图像。

② 选择"文件"→"新建"命令,在打开的"新建"对话框中输入新建图像的"名称",然后

设置图像的"宽度"和"高度"（如宽度为 800 像素，高度为 600 像素），设置好后确定，如图 5-72 所示。

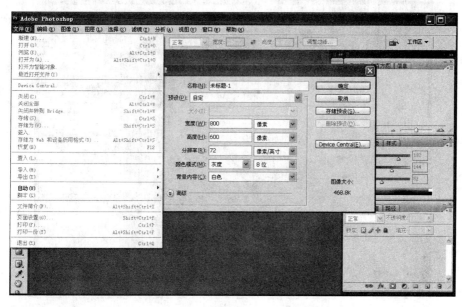

图 5-72

注：新建图像的大小必须和用来制作动态图片的图像大小一致。

③ 打开已经设置好大小、并用来制作动态图片的图像（见图 5-73），按 Ctrl＋A 键选中整个图像，再按 Ctrl＋C 键复制图像，之后关闭图像。

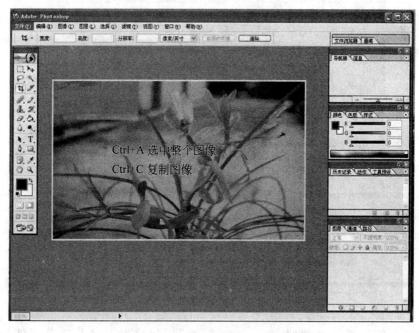

图 5-73

在新建的图像文件中按 Ctrl＋V 键粘贴图像，如图 5-74 所示。

图 5-74

按上述方法操作，直至把所有用来制作动态图片的图像复制到新建图像中。这时就能在"图层面板"中看到所有复制后的图像图标，如图 5-75 所示。

图 5-75

④ 按工具箱中最下面的"ImageReady 转换"按钮或按 Ctrl＋Shift＋M 键，转换到 ImageReady 界面，如图 5-76 所示。

图　5-76

⑤ 在动画面板中设置帧延迟时间，如图 5-77 所示。

选择帧延迟时间

图　5-77

　　然后单击"复制当前帧"按钮，复制与图层面板中相同图层数量的帧，如图 5-78 所示。

　　⑥ 在动画面板中由左到右选择"帧"，同时在图层面板中由下而上设置"指示图层可视性"（即眼睛图标），使之相互对应，如图 5-79 所示。

图　5-78

图　5-79

⑦ 在动画面板中单击"播放/停止动画"按钮(见图 5-80),播放动画。

如果对动态不满意,则再次单击"播放/停止动画"按钮,停止播放后进行调整,直到满意为止。

⑧ 选择"文件"→"将优化结果存储为"命令或按 Ctrl+Shift+Alt+S 键,保存制作好的动态图片为 gif 格式,如图 5-81 所示。

实例效果

这样,我们就可以根据实际需求,制作动态效果的按钮,如图 5-82 所示的 88×31 像素的友情链接动态按钮。

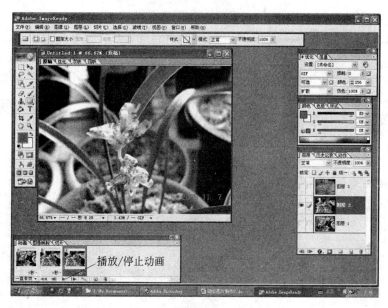

图 5-80

图 5-81

图 5-82

习题 5

5-1　按钮与网页之间存在什么关系？

5-2　运用文字按钮有什么好处？

5-3　要在图形、图像按钮加上超链接，有哪几种方式？

5-4　在 Photoshop 里面怎样启动 ImageReady？

5-5　大多数浏览器都默认支持的动态图片格式是什么格式？

第 6 章　用 Photoshop 优化 Web 页

本章知识点
- 获得最佳优化图像
- 制作 Web 图片库
- GIF 动画在网页中的制作与运用
- 网页背景无缝贴图的制作
- 图层样式在网页中的运用

本章学习目标
- 掌握获得最佳优化图像的方法
- 了解如何制作 Web 图片库
- 了解 GIF 动画在网页中的制作与运用
- 掌握网页背景无缝贴图的制作
- 了解图层样式在网页中的运用

6.1　优化图像

6.1.1　图片优化基本原则

图像用数字任意描述像素点、强度和颜色。描述信息文件存储量较大,所描述对象在缩放过程中会损失细节或产生锯齿。在显示方面它是将对象以一定的分辨率分辨以后将每个点的色彩信息以数字化方式呈现,可直接快速在屏幕上显示。分辨率和灰度是影响显示的主要参数。图像适用于表现含有大量细节(如明暗变化、场景复杂、轮廓色彩丰富)的对象,如照片、绘图等,通过图像软件可进行复杂图像的处理以得到更清晰的图像产生特殊效果。

图像处理是对图像进行分析、加工和处理,使其满足视觉、心理以及其他要求的技术。图像处理是信号处理在图像领域上的一个应用。

1. 图片裁切

切图时尽量贴合图形区,避免空白区域占用文件大小。

2. 图片输出

(1) 使用 Photoshop 的"存储为 Web 所用格式"功能来输出照片,测试表明:输出某张图片为 jpg 格式,分别使用"存储为 Web 所用格式"和一般的"存储为",都压缩到 50%,前者得到的图片结果为 14.4KB,后者为 47.1KB。

（2）在使用上述功能进行图片输出的过程中，对比 JPG、GIF 格式下的文件大小，选择效果和大小较优的文件格式。

一般情况下，色彩少的图片使用 png（8 位）、GIF 格式文件会小些，色彩渐变丰富的图片，则使用 JPG 会小些。

（3）JPG 格式的图片，需综合对比压缩品质高、中、低下的效果，尽量选择效果好且压缩品质较低的选项，以达到获取较小文件的目的。

（4）对于无多通道透明需求的图片，避免使用 png（24 位）格式输出。

6.1.2　GIF 图片的优化处理

GIF（Graphics Interchange Format）的原意是"图像互换格式"，是 CompuServe 公司在 1987 年开发的图像文件格式。GIF 文件的数据，是一种基于 LZW 算法的连续色调的无损压缩格式。其压缩率一般在 50％左右，它不属于任何应用程序。目前几乎所有相关软件都支持它，公共领域有大量的软件在使用 GIF 图像文件。

GIF 图像文件的数据是经过压缩的，而且是采用了可变长度等压缩算法。所以 GIF 的图像深度从 1 位到 8 位，也即 GIF 最多支持 256 种色彩的图像。GIF 格式的另一个特点是其在一个 GIF 文件中可以存多幅彩色图像，如果把存于一个文件中的多幅图像数据逐幅读出并显示到屏幕上，就可构成一种最简单的动画。

GIF 解码较快，因为采用隔行存放的 GIF 图像，在边解码边显示的时候可分成 4 遍扫描。第一遍扫描虽然只显示了整个图像的 1/8，第二遍的扫描后也只显示了 1/4，但这已经把整幅图像的概貌显示出来了。在显示 GIF 图像时，隔行存放的图像会使您感觉到它的显示速度似乎要比其他图像快一些，这是隔行存放的优点。

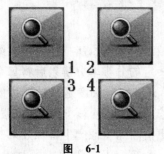

图 6-1

有些图片，色彩并不是很丰富，通过对比可知输出 GIF 会更小些；或者，因为要用在多种背景中使用，需要输出为透明格式（非多通道），这时，就需要选用 GIF 格式。我们都知道 JPG 格式可以通过控制压缩比来优化，相对于 JPG，GIF 优化是比较容易被忽视的。当笔者看到身边有些朋友在输出 GIF 时基本不作什么优化选择，觉得很可惜。其实，即使确定要输出 GIF 格式，通常也仍有继续缩小文件的余地。

下面通过图 6-1 所示的试验，来分析一下 GIF 图片的优化。

请看看下面 4 个图片，大家用肉眼能看出区别来吗？

如果不放大到像素级来一个一个点地对比观看，是很难辨认出有何不同的。

其实，这几张图片有着不同的色阶。请看图 6-2 所示的在 Photoshop 中输出时的相关参数，注意文字中标注的内容。

样图解读：

图 6-1 的图 1 为要输出的原图效果；

图 6-1 的图 2 为 64 色输出的效果，输出后文件大小为 2.233KB；

图 6-1 的图 3 为 128 色输出的效果，输出后文件大小为 2.756KB；

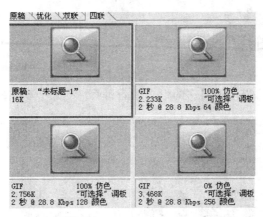

图 6-2

图 6-1 的图 4 为 256 色输出的效果,输出后文件大小为 3.468KB。

由此可见,上述 4 张图中,在肉眼可辨识情况下,64 色的图片对比 256 色图片,输出后可以少掉一半还多的字节数,且效果完全能满足视觉要求。不要小看这几百个字节,试想网站里几百张图片,如果每张图都节省一些,最终可以节省多少空间出来?

图 6-3 所示为 Photoshop 的输出模式中提供的 gif 色彩选项。

根据这些选项,我们再看看更多的 GIF 格式下多色阶的效果和文件大小对比,如图 6-4 所示。

图 6-3

图 6-4

经对比可知,其实对于此图片而言,用 32 色来输出也是可以接受的。

Gif 优化小结:对于 gif 而言,色彩越少,文件也就越小。在肉眼可接受的范围内,尽量将 gif 色彩数量降低,能够对 gif 图大小进行有效的优化。道理其实很简单,关键就在于我们实际输出过程中要细心、耐心。

6.2 制作 Web 图片库

制作 Web 图片库可以用缩略图的形式来管理照片,查找方便、快捷。下面将向大家介绍详细的操作步骤。

(1) 选择"文件"→"浏览"命令,打开文件浏览器,如图 6-5 所示。

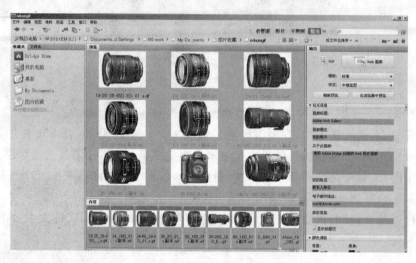

图 6-5

(2) 在"文件夹"面板中,找到要放置到 Web 页上的照片所在的文件夹。Photoshop 将在图片库中显示相应的缩略图。再选择"输出"→"Web 画廊",设置相关参数,如图 6-6 所示。

(3) 要重排图像的顺序,将缩略图图像拖移到需要的位置即可。

(4) 如果只想在图片库中包括部分图像,可按住 Ctrl 键选择要包括的图像。

(5) 按照用户要求,设置"站点"参数,如图 6-7 所示。

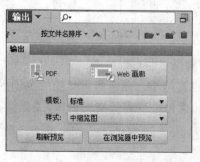

图 6-6

图 6-7

（6）按照用户要求，设置"颜色调板"和"外观"参数，如图 6-8 所示。

（7）输出图片库，如图 6-9 所示。

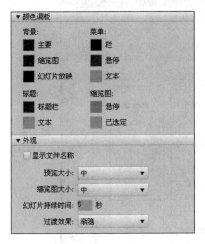

图　6-8

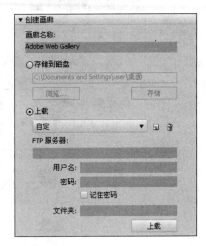

图　6-9

6.3　GIF 动画在网页中的制作与运用

6.3.1　逐帧动画

在浏览网页的时候，我们经常看到一些动态的图像，从一个画面到另一个画面交替地显示着，很能引起我们的注意。

这些生动的画面是如何制作出来的呢？我也能办得到吗？其实这并不深奥，Photoshop 图像是由许多图层组成的，分层处理图像是 Photoshop 的重要技术，这里我们就用分层显示的办法来产生动态效果的。具体来说，就是一个图像文件包含了若干幅图像，我们控制它每次仅显示其中的一张，间隔一段时间再显示另一张，实现了交替显示效果。

1. 认识 GIF 动画

精美的动画是制作网站必不可少的元素，尤其是 GIF 动画，可以让原本呆板的网站变得栩栩如生。大家见得最多的可能就是那些不断旋转的"Welcome"，以及风格各异的网站页面横幅广告。在 Windows 平台上，制作 GIF 动画有许多工具，其中著名的有 Adobe 公司的 ImageReady、友立公司的 GIF Animation 等。

ImageReady 是基于图层来建立的 GIF 动画的，它能自动划分动画中的元素，并能将 Photoshop 中的图像用于动画帧。它具有非常强大的 Web 图像处理能力，可以创作富有动感的 GIF 动画，有趣的动态按键，甚至漂亮的网页。所以，ImageReady 完全有能力独立完成从制图到动画的过程，它与 Photoshop 的紧密结合更能显示出它的优势。随着 Photoshop 的不断发展，现在的 CS4 版本已经整合了 ImageReady 的大部分功能。

大家还记得，在 Word 和 PowerPoint 可以很轻松插入剪贴画。你知道吗，在剪贴画库中有许多动画剪辑,这些动画剪辑就是 GIF 动画(见图 6-10)。

图　6-10

　　打开 Photoshop 软件,使用"文件"菜单打开一些 GIF 动画文件,按下动画面板的播放按钮 ,试着播放动画,观察动画效果。

2. 动画面板

　　从面板中可以看到,共有 7 幅图像,我们称动画由 7 帧组成,其中第一幅图有蓝色的框框,表示它为当前帧。在播放动画时,这个蓝色的框从左向右移动。面板中的"0.1 秒",表示每帧图像延迟时间为 0.1 秒。

　　什么叫"帧"?

　　动画是一个比较系统的专业,它是根据人们眼睛的视觉残留作用这一电影的原理,画出一张张不动的,但逐渐变化的画面,经过每秒若干幅的速度连续播放,画面便动起来,这里的每一幅图像,就叫做"帧"。

　　在没有计算机的年代,制作一部动画片,就需要手工绘制出每一帧图像,然后拍照。电影播放速度是每秒 24 帧,你算一算,要制作一部一小时的动画片,需要画多少幅画面? 现在有了电子计算机,我们可以让计算机分担一部分重复、繁重而又乏味的工作。

　　下面来讲讲分解动作。如图 6-11 所示小狗奔跑每帧画面延迟 0.1 秒,如果加大这个时间值,我们看到的将是分解动作,试一试。你是一帧一帧地改变帧延迟时间吗? 如果动画有数百帧,你不觉得烦吗? Shift 键能帮助你一次完成所有帧延迟的时间设定。面板右上角的小三角也可以利用。

图　6-11

3. 图层与帧

在小狗动画中,动画面板上显示了 7 帧图像,相应的层面板也有 7 层。每一帧只显示其中的一个图层。第 1 帧显示图层 1,第 2 帧显示图层 2……各帧画面都不相同,如图 6-12 所示。

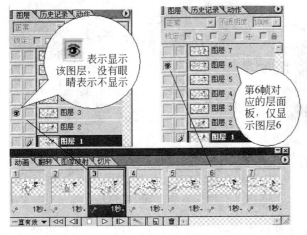

图　6-12

图　6-13

6.3.2　GIF 动画的制作步骤

图 6-13 所示为制作 GIF 动画素材,下面是制作的具体操作步骤:

(1) 启动 Photoshop,并打开需要的两幅图,如图 6-14 所示。

(2) 选择"图像"→"图像大小"命令,如图 6-15 所示。

打开"图像大小"对话框,修改宽度和高度的像素,如图 6-16 所示。注意下面红线里的约束比例,要改成非比例的大小就把勾去掉,然后将两幅图片调整到同样大小。

图　6-14

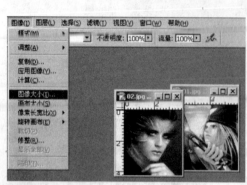

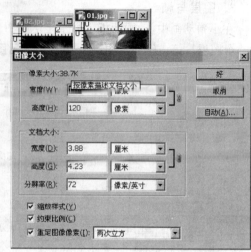

图 6-15   图 6-16

（3）很多 JPG 格式的图在 Photoshop 里是锁定的（见图 6-17），所以双击图层里的背景项，会弹出一个对话框，将背景变为图层。（同理，另一幅图片也如此操作。但注意在 Photoshop 里通过单击图片来改变当前编辑的图片，所以要修改另一幅图片先要单击它一下。）

（4）选择工具箱上面左边的选择工具，如图 6-18 所示。

然后按住一幅图片将它拖至另一幅图片里。这时在图层里应该有两个图层（见图 6-19），然后将两个图片根据画面的大小调整一致。

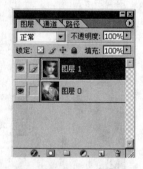

图 6-17   图 6-18   图 6-19

（5）打开"动画"窗口，注意这里应该显示两个图层，如图 6-20 所示。

（6）在动画工具栏里单击"复制当前帧"，即图 6-21 中用圈圈住的按钮。复制后，在动画里会显示有两个帧，如图 6-22 所示。

（7）单击动画工具栏里的"过渡"按钮，如图 6-23 所示。

图 6-20

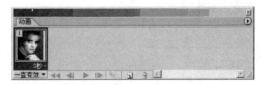

图 6-21

图 6-22

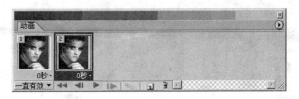

图 6-23

打开"过渡"对话框,如图 6-24 所示。在"要添加的帧数"文本框里输入你需要的帧数,默认是 5,这里使用默认值,然后单击"好"按钮。

这时动画面板里会显示有 7 个帧,如图 6-25 所示。

(8) 这时看看图层里的当前图层是否为图 6-25,若不是的话单击它使它变成当前图层,如图 6-26 所示。(注意有蓝色条显示的就是当前图层)

选择好当前图层后,单击动画面板里第 2 帧。如图 6-27 中箭头所指的帧。

单击后第 2 帧应该是蓝色的。

图 6-24

图　6-25

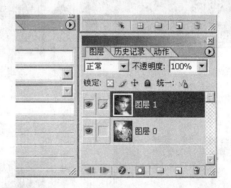

图　6-26

图　6-27

然后在图层面板中修改透明度,将其从 100% 改为 80%,如图 6-28 所示。

(9) 接着选择第 3 帧。在图层面板中将其不透明值改为 60%。

(10) 单击选中第 4 帧,在图层面板中将其不透明值改成 40%。

(11) 单击第 5 帧,将其不透明值改成 20%。

(12) 单击第 6 帧,将其不透明值改成 0%。

(13) 单击第 1 帧,如图 6-29 所示。

单击"选择帧延迟时间",如图 6-30 所示。

单击后会弹出一个菜单,如图 6-31 所示。

图　6-28

图　6-29

图　6-30

图　6-31

图　6-32

选择 0.2 秒延迟后，第 1 帧下面会变为 0.2 秒，如图 6-32 所示。

（14）单击第 7 帧，如图 6-33 所示。

将其也变为延迟 0.2 秒，如图 6-34 所示。

图　6-33

（15）单击"播放"按钮（见图 6-35）。查看一下效果！

图　6-34

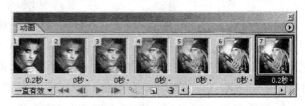

图　6-35

（16）选择"文件"→"存储为 Web 和设备所用格式"命令。

根据图 6-36 信息进行设置后，按图 6-36 所示的"存储"按钮，进行保存就可以了。

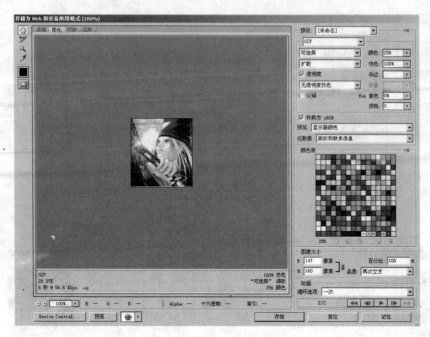

图 6-36

6.4 网页背景无缝贴图的制作

6.4.1 感受无缝平铺图案

现在我们在 Photoshop 中建立一个图案填充层（单击图层面板下方的 ⬤ 按钮），将会出现如图 6-37 所示的对话框。

图 6-37

在其中选择图 6-37 定义的图案，在图像中的平铺效果如图 6-38 所示。

如果未选中"图案填充"对话框中的"与图层链接"复选框，那么填充的图案就不能像普通图层那样进行移动。"贴紧原点"功能可以让图案与标尺中的 0 点对齐。

上面这个图案平铺后产生的是一种"砌墙"的效果，即看得出一块一块图案的拼接，图案间有明显的分界线，就好像用砖头砌墙一样。现在我们选择 Photoshop 默认图案中的"分子"，平铺效果如图 6-39 所示。不同于之前，在这个平铺中看不到图案间的边界线，整个图案浑然一体。

这是为什么呢？是不是因为这个图案本身很大，以至于比目前图像的画布还大，所以看不到平铺的图案边界呢？不是这样的，无论你建立多大的图像，都不会看到图案边界。那究竟是为什么呢？

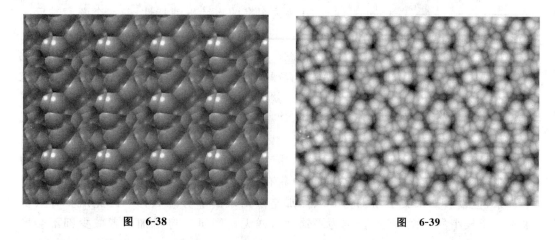

图 6-38　　　　　　　　　　　　　　　　图 6-39

现在我们新建一个 120×120 的白底图像,然后建立一个菱形渐变填充层(黑色至透明),设定如图 6-40 所示,产生的效果如图 6-41 所示。然后将该层栅格化(图层→栅格化→填充内容/图层),把菱形移动到最左端并只保留一半,复制菱形图层再水平(按住 Shift 键)移动到右端且也只保留一半,如图 6-42 所示。将其定义为图案。

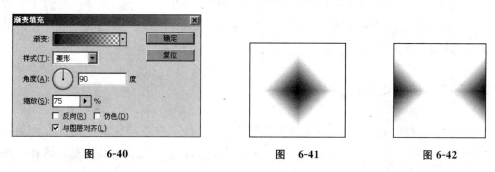

图 6-40　　　　　　　图 6-41　　　　　　图 6-42

现在,在脑中想象一下,把这个图案进行平铺的效果将是怎样?

接着动手制作,平铺的效果如图 6-43 所示,我们发现原先被拆散的菱形又被合并在一起了。和你们想象中的是否一致?

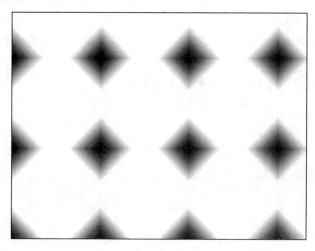

图 6-43

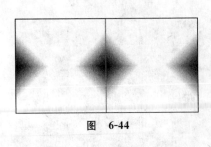

图　6-44

正因为图案的连续平铺特性，前一个图案与后一个图案首尾相接，（见图 6-44）才能够形成这样的效果。从严格意义上来说，图案的边界是存在的。但从视觉效果上看却没有边界。正因为图案内容前后衔接。这样的图案就适合用以连续平铺（也称无缝平铺、连续图案），可以"星火燎原"，用较小的图案来制作较大的区域，且无论区域大或者小，都不会影响平铺的整齐性。

这种图案在网页设计中是经常用到的，因为网页的大小并不是固定的，随着内容的增减可能随时发生变化。比如原先网页中只有 20 行文字，我们根据这 20 行的大小制作了背景，但以后如果文字增加为 30 行，那空余出来的部分怎么办？因此网页背景都是采用一个较小的图案，然后指定为平铺。这样无论网页内容增加或者减少都不会影响背景的效果。

即使网页内容不发生增减，浏览器窗口宽度减少，也会引起高度的增加，因为这样才能够保证总面积不变以显示原先的内容。

那不改变浏览器大小不就没问题了吗？不是的，首先你不可能强制浏览者不去改变浏览器窗口的大小。其次不同浏览者所用的显示器分辨率设定也可能不一样。我们在 1024×768 屏幕分辨率下制作的充满画面的网页，如果在 800×600 的显示器上显示，即使浏览器窗口最大化，宽度也不可避免地减少。

6.4.2　无缝平铺图案深度分析

现在我们来仔细分析一下刚才定义的菱形图案，为什么它能够无缝平铺呢？因为在图案最左端的 1 像素部分，与图案最右端的 1 像素部分有良好的像素承接关系。这种承接关系体现在位置和颜色上。我们可以据此来推断，用一条线段来作为图案的话：

（1）线段的两个端点分别位于图案的左右边界，且处在同一水平线上，那么这条线段的平铺效果最好，首尾相连，可以形成无缝平铺。

（2）线段的两个端点都没有或只有一个到达边界，那么平铺效果其次，首尾虽不能相连，却也不会产生断接感。

（3）线段的两个端点分别位于图案的左右边界，但不在同一水平线上，那么平铺效果最差，因为首尾既不能相连，又产生了断接感。

上文所述分别对应图 6-45 中的 3 种效果范例。

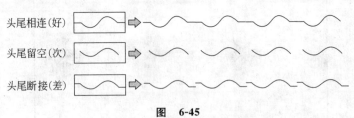

图　6-45

上面所说的第一种平铺，其实还要一种例外的可能性：如果线段穿越边界时候呈现一定的角度(常见于曲线),那么位于分界点的两个像素(见图 6-46 中的 A 与 B)即使不在同一水平线上,却同样能够形成无缝平铺。因为它们之间的落差符合线段的走势。这样的差异通常也就是 1 到 2 像素的距离,再大就会产生断接感了。

除了位置,边界像素的颜色对于平铺效果也是有影响的。这常见于使用渐变色作为平铺的时候。为了使效果明显,我们使用了模拟渐变的色块,并打上颜色数字来说明问题,如图 6-47 所示。

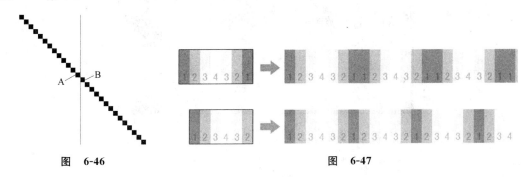

<table>
<tr><td>图　6-46</td><td>图　6-47</td></tr>
</table>

如果头尾颜色相同,颜色相接会产生一个重复的区域,使得颜色 1 在平铺中的比例两倍于其他颜色,造成不协调。当减去其中一个后,颜色的过渡就协调了。这可以从数字的变化上看出来。

不过如果渐变图案中的颜色数量较多或所占区域较小(如颜色只有 1 像素宽),这种重复的效果就不容易被觉察,也就不必过于苛求。

头尾重复的情况也会出现在动画制作中,图 6-48 所示是一个顺时针旋转箭头的动画过程,每帧的停留时间为 1 秒。注意第 1 帧与第 9 帧的箭头角度相同,这样在播放的时候,箭头在这个角度就会停留 2 秒,看起来就好像顿了一下似的,造成动画的不连贯。

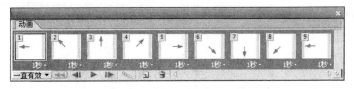

图　6-48

前面我们所制作的无缝平铺图案又称为 2 方连续图案,因为只考虑到了横向或竖向(所有例子旋转 90°即是)平铺的需要。这样的图案在填充大面积的区域时会显得很单调。下面我们就来看看如何制作 4 方连续图案,这并不困难,就是把两个方向结合起来考虑而已。

在第一个菱形的基础上,我们再创建一个 30%左右的小菱形渐变,按照前面相同的手法处理成如图 6-49 所示的样子。尽管很简陋,但这就是一个真正的 4 方连续图案了。平铺效果如图 6-50 所示。

在制作这个图案的时候,大家最感到没有把握的是让菱形在边界正好保留一半大小,这个过程中稍有误差就会造成平铺图案断接。所幸菱形具有很明显的棱边可提供视觉参考。但对于一些其他的形状就未必能够准确把握了。

图　6-49

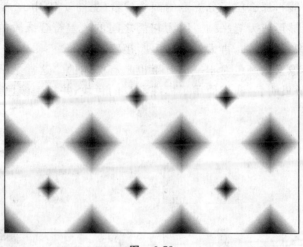

图　6-50

6.4.3　用 Photoshop "位移滤镜" 制作平铺图案

　　为了准确和快捷地制作平铺图案,可以使用 Photoshop 的位移滤镜。让我们先制作出早先的那个大菱形并栅格化,确保选择该层,然后选择"滤镜"→"其他"→"位移"命令,设置如图 6-51 所示,注意要选择"折回",就会在图像中看到我们之前手动复制图层并移动到边界的效果。那这个位移滤镜是什么原理呢?

　　位移滤镜在"折回"方式下就是假定图像已经作为图案并进行了平铺,如图 6-52 所示,以平铺中心的原图案(图 6-52 中心框内)为基准点,向四周移动一定的距离后,用该处的图像替换原先的图像。

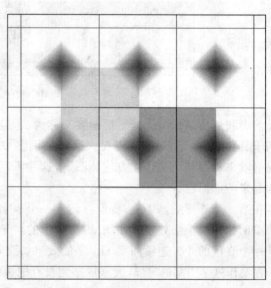

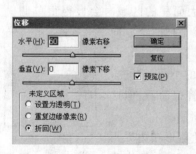

图　6-51　　　　　　　　　　　　　　　图　6-52

我们这个图像的尺寸是 120×120，那么按照左图的设置水平移动 60（或－60）像素，就相当于横向移动一半，应该停留在下右图的蓝色区域内，正好是左右各端露出菱形的一半。可以预见，如果垂直也设为 60（或－60）像素的话，所得到的应该是下右图绿色区域内的图像。

在完成大菱形的水平位移后，再建立并栅格化一个小菱形渐变层，然后进行 60（或－60）像素垂直位移，就可以得到与之前相同的效果。使用滤镜前注意正确选择图层。

掌握了位移滤镜的使用后，我们就可以很容易地制作无缝平铺图案了。新建一个 60×60 的图像，新建一个图层，使用自定义形状工具（U/Shift＋U 键）在其中绘制"草 2"形状（如找不到可复位形状），将其与背景层上下居中、左右居中对齐（要以背景层作为基准层），然后复制该层（选择图层后按 Ctrl＋J 键），对复制出来的图层（或原图层）使用位移滤镜，水平及垂直方向均设为图像大小的一半（30 或－30 像素）。得到如图 6-53 左图所示的效果，可将图案的名字起为"紫色小草"之类的。填充效果如图 6-53 右图所示。

图 6-53

我们知道平铺的效果关键取决于图案边界，因此首先要保证图案边界的连续性。现在我们来制作较为杂乱的可平铺背景，首先设置笔刷参数：散布枫叶形状、直径 30 像素、间距 80%、大小抖动 100%、角度抖动 100%、色相抖动 100%。

选一个彩色前景色（不能选择黑、白或灰度，否则没有色相抖动效果），在一个 150×150 的图像中绘制一个十字形，注意枫叶不能超出边界，原则上是越贴紧边界越好，但这里先不用强求，后面有办法来弥补。

然后将图案垂直位移一半（也就是 75 像素），这样就会露出原先在上下边界留下的空白。用相同的笔刷填补空白处。

接着水平、垂直位移各一半，就会露出原先在左右边界留下的空白，同画笔填补。最后再垂直位移一半，即可得到可作为无缝平铺图案的边缘。

以上步骤如图 6-54 所示。其中的步骤 2 和步骤 6 可以互换，也就是说可以先填补水平方向再填补垂直方向。

在得到具有可无缝平铺边缘的图案后，最重要的步骤就完成了。接下来可在中间的空白区域随意添加一些图像，但必须保证添加的图像不能超出边界，如图 6-54 最后一幅图所示。

滤镜是作用于单个图层的，可以利用这个特性来添加更多的平铺效果。如将前景色设为黑，将笔尖形状改为"沙丘草"，取消色相抖动（由于前景色为纯黑，属于灰度色，而改变色

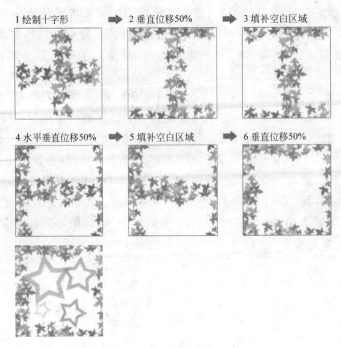

图　6-54

相对灰度色是无效的,因此即使不取消这一项目也不会造成色彩的偏离),适当增大直径,其余笔刷参数不变。

新建图层,在中间画一些草(不要超出边界),然后进行水平与垂直位移(各 50%)。再在中间空余出来的地方随手画几下(不要超出边界),完成后效果如图 6-55 左图(隐藏了其他图层)。

为什么这里不采用之前"紫色小草"那样,将复制出来的图层进行位移呢?这是因为"紫色小草"需要图案的一致性,而我们这里要避免一致性。

将新的沙丘草图案层反相(Ctrl+I)以得到白色,然后置于原先图案的上层,就可以形成如图 6-55 右图所示的效果了。平铺效果如图 6-56 所示。

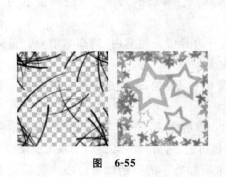

图　6-55

图　6-56

可能有的人会问,那为什么一开始不使用白色去画沙丘草呢?这是因为对这个图像的背景而言,用白色绘制沙丘草不容易辨别边界是否超出,因此先使用黑色。

做到这里,特别是看到图 6-56 所示的透明沙丘草层时,大家有没有想到一个问题:能不能定义半透明的图案呢?

答案是肯定的,Photoshop 支持带有 Alpha 通道的图案,如果大家在前面的制作中都是将图案绘制在新建图层上,那么隐藏背景层后定义图案就可以得到透明的效果。如图 6-57 左图所示。还可以将沙丘草图案层作为选区,给现有的枫叶层再添加一个蒙版。方法是按 Ctrl 键同时单击图层缩览图,将沙丘草层转

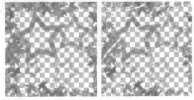

图　6-57

为选区,然后选择枫叶层,选择"图层"→"添加图层蒙版"→"隐藏选区"命令则可做出如图 6-57 右图所示的效果。大家可以自己找张图片来看看半透明图案的平铺效果。

现在我们对使用位移滤镜制作连续平铺图案的注意事项作一个总结:

(1) 初期的图案应大体绘制于图像的中央部分。这样使用位移滤镜时,取宽高一半的数值,即可令对边图案互相衔接。否则需要依靠视觉判断位移距离。

(2) 初期绘制的图案不能超过画布,否则一定产生断接。特别是使用具有随机动态效果(直径、圆度、散布等)的笔刷时尤为注意。

(3) 位移滤镜中需要移动的距离为图像尺寸的一半(以上第 1 点成立时)。不必过分精确,只要对边互有图案即可。如果图像非正方形,则要分别取其宽度和高度一半的数值。

(4) 分层制作可产生多重图案,位移滤镜只对目前所选图层有效。但如果有选区存在,则位移滤镜只会改变选区内的图像。

6.4.4　常用无缝拼接图案的制作方法

下面我们来学习一些常用图案的制作方法,首先是扫描线(也称电视扫描线或 TV 扫描线)。如图 6-58 的左上图是原图,右上图是添加了扫描线后的效果。扫描线实际上就是由若干条横线组成的,那么我们所定义的图案就要能够产生如图 6-58 的下图这样的直线平铺效果。

这样的图案该如何去定义呢?如图 6-59 左图所示,新建一个 1×2 的透明图像,将其放大到最大,然后通过选区将其下方(或上方)填为黑色。这个图案就制作完成了。注意在定义为图案的时候要取消选区(Ctrl+D)。是不是觉得很简单?大家在脑中模拟一下这个图案的平铺效果就会明白这样做是正确的。

那么,如果我们将图案绘制成如图 6-59 右图那样,会有什么区别呢?没有区别,在使用定义图案功能的时候,Photoshop 会自动检测图案中的重复区域并将其删除,我们最终将得到与图 6-59 左图一样的图案。

利用这个图案建立一个图案填充层,将不透明度设为 20% 左右,混合模式改为"叠加"就可以得到前面的扫描线效果了。如果增大调整图案填充层中的缩放比例,就可以得到较粗的扫描线。但记住,由于图案属于点阵图像,因此这样放大后会导致模糊。

如果要得到清晰的较粗线条,可以按照如图 6-60 中图那样定义图案,建立 1×3 的透明

图　6-58

图像,并将其中的 2/3 填为黑色,这样就得到 2 倍粗的线条了。如果想增加线条的间隔,就将 1×3 透明图像的 1/3 填为黑色,如图 6-60 中图所示。更粗或间隔更大的扫描线都可参照这个方法制作。

也可以尝试使用其他灰度色或彩色来制作扫描线,如图 6-60 右图所示。看看会有怎样的效果。在应用具有灰度色或彩色图案的时候,可以尝试其他的图层混合模式。

如果要制作竖直线条,定义的方法和上面是基本相同的,这里就不再介绍。

如果是定义斜线,可参照如图 6-61 的左图和右图(均放大为 1600％,实际每一个方块为1 像素)。左边的斜线平铺后较密集而右方的相对疏松。为什么不使用 2×2 的图像来定义斜线呢?因为 2×2 的尺寸太小,制作出来的斜线实际上成了网点效果,大家可以想象并自己动手做做看。

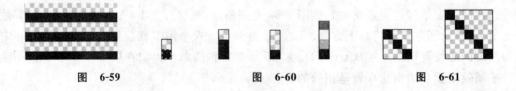

图　6-59　　　　　　　　　　　图　6-60　　　　　　　　图　6-61

图 6-62 左图是将最初定义的扫描线放大为 400％的效果。图 6-62 中图是使用了彩色线条图案并更改混合模式为“颜色”的效果。图 6-62 右图是斜线图案的效果。

除了线条以外,网格与网点也是经常用到的,对于网格掌握一个诀窍——使用十字形:十字越小网格越密集,十字越大网格越疏松;而十字的粗细影响网格边缘的粗细。掌握了这些就很容易定义均匀的网格图案。如图 6-63 的左图和中图(1600％)所示。图 6-63 右图的网格不透明度为 20％,使用了“变亮”混合模式。

图　6-62

如果要定义不均匀的网格，那就用一种干字形（或土字形）。如图 6-64 左图（1600％）所示。按照这种思路扩展出去，可以将任意的水平和垂直线段作为图案，如图 6-64 右图（1600％）所示。

图　6-63　　　　　　　　　　　　　　　　　　　图　6-64

定义网点图案实际上和网格差不多。区别在于网格的线条是连续的，而网点是不连续的。如图 6-65 的左图和中图（1600％）是最典型的网格图案。制作这类网点的诀窍就在于：定义奇数宽度的正方形图案，在中间区域填充黑色。如果定义非正方形的图案，则可以在水平和垂直方向形成不均匀的平铺。

如果有时候需要图案的第一个网点精确对应图像的左上角，可将位于正方形的左上角的那个像素填上黑色，如图 6-65 右图（1600％）所示。它的平铺效果与图 6-65 中图是相同的。

网点与网格仅一步之遥，如图 6-66 的左图和中图（500％）所示，它就综合了网格与网点的特征。当然我们也可以定义如图 6-66 右图（500％）所示的斜线网格。

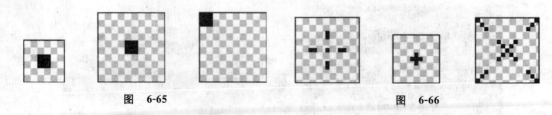

图　6-65　　　　　　　　　　　　　　　　　　　　　　　图　6-66

　　大家会看到我们所定义的扫描线、网点和网格大都是黑色的,那如果有时候需要改变它们的颜色该如何做呢? 难道都要用新颜色重新定义图案? 在这里考察一下大家对色彩调整部分的掌握程度:如何将灰度色变为彩色?

　　虽然我们知道了方法,但在这里操作起来会发现有问题:无法对图案填充层进行色相调整。这是由于这类特殊图层是无法应用色彩调整的。解决的方法有两个:

　　(1)将图案填充层栅格化,即点阵化。方法是选择"图层"→"栅格化"→"图层"命令或在图层面板中右键单击填充图层选择"栅格化"命令。栅格化后的图层就可以直接应用各种色彩调整了。这种方法虽然简单,但弊端也是显而易见的,那就是失去了特殊图层灵活的可编辑性。

　　(2)使用"专属色彩调整图层"来改变颜色。如图 6-67 所示,原先黑色的线条被色相/饱和度调整为了绿色。如果不指定为专属调整层的话,色相调整就会对之下的背景层也造成影响。"专属色彩调整层"实际上就是建立剪贴蒙版。

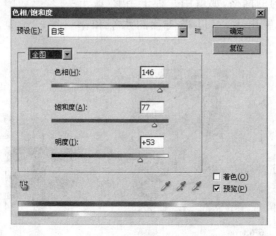

图　6-67

　　此外,也可以使用纯色填充层来改变线条的颜色。相比使用色相调整层,使用纯色填充层在选色上更直观,将其与图案层组成粘贴蒙版后填充效果就只对图案层有效,如图 6-68 所示。

　　注意使用这种颜色填充方式有一个前提,那就是所使用的图案必须是背景透明的,这样颜色填充就只会针对图案中有像素存在的部分有效。否则颜色填充将充满整个画面。

　　图案层也可以配合蒙版来使用,如图 6-69 使用了两个图案填充层,并用画笔涂抹蒙版以控制图案在画面上的分布。此外,在图层样式中使用图案也是很普遍的。

图　6-68

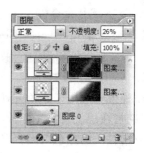

图　6-69

6.5　图层样式在网页中的运用

6.5.1　图层样式详解

图层样式在网页中得到广泛应用,其中图层样式可分为以下几种模式:

1. Normal 模式

因为在 Photoshop 中颜色是当作光线处理的(而不是物理颜料),在 Normal 模式下形成的合成或着色作品中不会用到颜色的相减属性。例如,在 Normal 模式下,100%不透明红色与50%不透明蓝色混合产生一种淡紫色,而不是混合物理颜料时所期望得到的深紫色。当增大蓝色选择的不透明度时,结果颜色变得更蓝而不太红,直到 100%不透明度时蓝色变成了组合颜色的颜色。用 Paintbrush I 具以 50%的不透明度把蓝色涂在红色区域上结果相同;在红色区域上描画得越多,就有更多的蓝色前景色变成区域内最终的颜色。于是,在 Normal 模式下,永远也不可能得到一种比混合的两种颜色成分中最暗的那个更暗的混合色了。

2. Dissolve 模式

Dissolve 模式当定义为层的混合模式时,将产生不可须知的结果。因此,这个模式最好是同 Photoshop 中的着色应用程序工具一同使用。Dissolve 模式采用 100%不透明的前景色(或采样的像素,当与 Rubber Stamp 工具一起使用时),同底层的原始颜色交替以创建一种类似扩散抖动的效果。在 Dissolve 模式中通常采用的颜色或图像样本的不透明度越低,颜色或样本同原始图像像素散布的频率就越低。如果以小于或等于 50%的不透明度描画一条路径,Dissolve 模式在图像边缘周围创建一个条纹。这种效果对模拟破损纸的边缘或原图的"泼溅"类型是重要的。

3. Behind 模式

这种混合模式在着色应用程序工具中能得到,但不用于合成层的属性。在 Behind 模式中,只能在层上的透明和部分透明区域上着色,完全不透明的像素在此模式下不受影响。在Behind 模式下,可达到填充层内容中间隙的效果,或把前景色(或利用 Rubber stamp 工具时的采样图像)应用到一张乙酸纤维介质的背面。

4. Clear 模式

Clear 模式类似于擦除层上不透明区域的效果。这种模式不能应用到一个层,只有

Stroke 命令, Fill 命令以及 Paint Bucket 工具能清除一个层上的像素。用户可能始终没必要访问 Clear 模式, 因为用 Eraser 工具和 Photoshop 的许多掩膜功能就能执行等价的编辑工作(并带有更可预知的结果)。

5. Multiply 模式

这种模式可用来着色并作为一个图像层的模式。Multiply 模式从背景图像中减去源材料(不论是在层上着色还是放在层上)的亮度值, 得到最终的合成像素颜色。在 Multiply 模式中应用较淡的颜色对图像的最终像素颜色没有影响。Multiply 模式模拟阴影是很棒的。现实中的阴影从来也不会描绘出比源材料(阴影)或背景(获得阴影的区域)更淡的颜色或色调的特征。

6. Screen 模式

Screen 模式是 Multiply 的反模式。无论在 Screen 模式下用着色工具采用一种颜色, 还是对 Screen 模式指定一个层, 源图像同背景合并的结果始终是相同的合成颜色或一种更淡的颜色。此屏幕模式对于在图像中创建霓虹辉光效果是有用的。如果在层上围绕背景对象的边缘涂了白色(或任何淡颜色), 然后指定层 Screen 模式, 通过调节层的 opacity 设置就能获得饱满或稀薄的辉光效果。

7. Overlay 模式

这种模式以一种非艺术逻辑的方式把放置或应用到一个层上的颜色同背景色进行混合, 然而, 却能得到有趣的效果。背景图像中的纯黑色或纯白色区域无法在 Overlay 模式下显示层上的 Overlay 着色或图像区域。背景区域上落在黑色和白色之间的亮度值同 Overlay 材料的颜色混合在一起, 产生最终的合成颜色。为了使背景图像看上去好像是同设计或文本一起拍摄的, Overlay 可用来在背景图像上画上一个设计或文本。

8. Soft Light 模式

Soft Light 模式根据背景中的颜色色调, 把颜色用于变暗或加亮背景图像。例如, 如果在背景图像上涂了 50% 黑色, 这是一个从黑色到白色的梯度, 那着色时梯度的较暗区域变得更暗, 而较亮区域呈现出更亮的色调。

9. Hard Light 模式

除了根据背景中的颜色而使背景色是多重的或屏蔽的之外, 这种模式实质上同 Soft Light 模式是一样的。它的效果要比 Soft Light 模式更强烈一些, 同 Overlay 一样, 这种模式也可以在背景对象的表面模拟图案或文本。

10. Color Dodge 模式

除了指定在这个模式的层上边缘区域更尖锐, 以及在这个模式下着色的笔画之外, Color Dodge 模式类似于 Screen 模式创建的效果。另外, 不管何时定义 Color Dodge 模式混合前景与背景像素, 背景图像上的暗区域都将会消失。

11. Color Burn 模式

除了背景上的较淡区域消失, 且图像区域呈现尖锐的边缘特性之外, 这种 Color Burn 模式创建的效果类似于由 Multiply 模式创建的效果。

12. Darken 模式

在此模式下, 仅采用了其层上颜色(或 Darken 模式中应用的着色)比背景颜色更暗的这些层上的色调。这种模式导致比背景颜色更淡的颜色从合成图像中去掉。

13. Lighten 模式

在这种与 Darken 模式相反的模式下，较淡的颜色区域在合成图像中占主要地位。在层上的较暗区域，或在 Lighten 模式中采用的着色，并不出现在合成图像中。

14. Difference 模式

Difference 模式使用层上的中间色调或中间色调的着色是十分合适的。这种模式创建背景颜色的相反色彩。例如，在 Difference 模式下，当把蓝色应用到绿色背景中时将产生一种青绿组合色。此模式适用于模拟原始设计的底片，而且尤其可用来在其背景颜色从一个区域到另一区域发生变化的图像中生成突出效果。

15. Exclusion 模式

这种模式产生一种比 Difference 模式更柔和、更明亮的效果。无论是 Difference 还是 Exclusion 模式都能使人物或自然景色图像产生更真实或更吸引人的图像合成。

16. Hue 模式

在这种模式下，层的色值或着色的颜色将代替底层背景图像的色彩。Hue 模式代替了基本的颜色成分但不影响背景图像的饱和度或亮度。

17. Saturation 模式

此模式使用层上颜色（或用着色工具使用的颜色）的强度（颜色纯度），且根据颜色强度强调背景图像上的颜色。例如，在把纯蓝色应用到一个灰暗的背景图像中时，显出了背景中的原始纯色，但蓝色并未加入到合成图像中。如果选择一种中性颜色（一种并不显示主流色度的颜色），对背景图像不发生任何变化。Saturation 模式可用来显出图像中颜色强度已经由于岁月变得灰暗的底层颜色。

6.5.2　利用图层样式设计个性化网页界面实例

利用图层样式设计个性化网页界面，如图 6-70 所示为最终效果图片。

图　6-70

（1）新建文件，将树木素材置于图像左上角，如图 6-71 所示。

（2）使用圆角矩形工具在树的下方绘制一矩形框，如图 6-72 所示。

图　6-71　　　　　　　　　　　　图　6-72

（3）绘制其他矩形内容框，如图 6-73 所示。

（4）在背景层上方创建新图层，并用渐变工具填充该层，得到如图 6-74 所示效果。

图　6-73

图　6-74

（5）在渐变层上方创建新图层，选择云彩笔刷（没有此笔刷请上网搜索下载），添加云彩效果，如图 6-75 所示。

（6）选择圆角矩形工具绘制导航按钮（注意将按钮层置于棕色内容框下方），如图 6-76 所示。

（7）为按钮添加图层样式，参数设置如图 6-77 至图 6-80 所示。

图 6-75

图 6-76

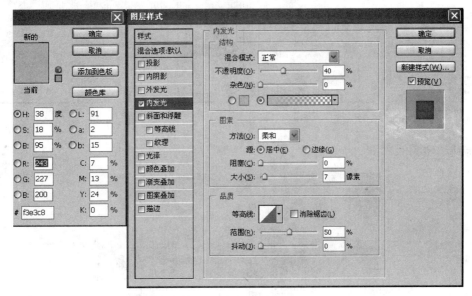

图 6-77

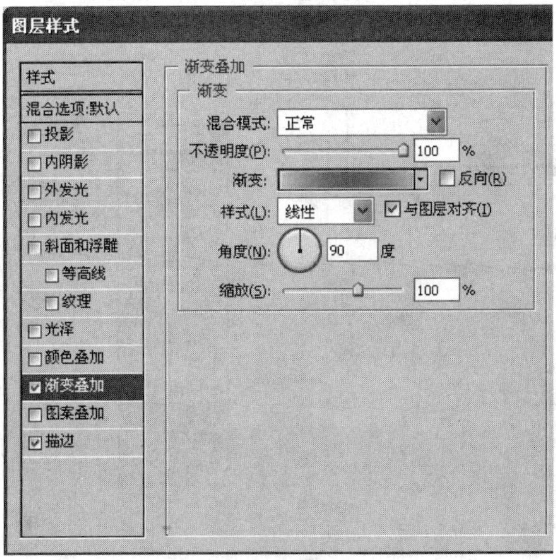

图 6-78

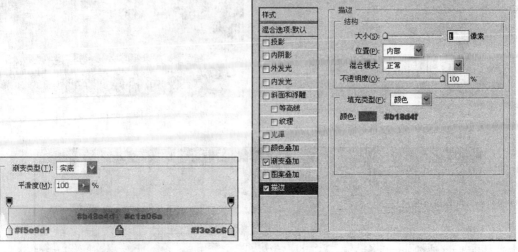

图 6-79   图 6-80

得到如图 6-81 效果。

图 6-81

（8）设置棕色内容框图层样式，参数设置如图 6-82 至图 6-86 所示。

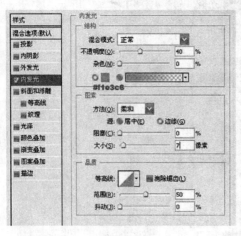

图 6-82

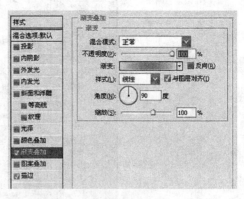

图 6-83

图 6-84

图 6-85

得到如图 6-87 所示效果。

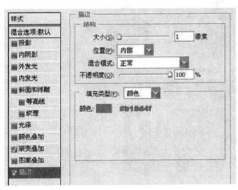

图 6-86

图 6-87

（9）为导航按钮添加标题，如图 6-88 所示。

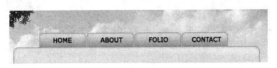

图 6-88

（10）充实内容框，如图 6-89 所示。

图 6-89

（11）创建新图层，添加导航符号，如图 6-90 所示。

图　6-90

最终效果如图 6-91 所示。

图　6-91

习题 6

6-1　图片优化的基本原则是什么？

6-2　制作 Web 图片库的操作步骤是什么？

6-3　什么是"帧"？

6-4　使用位移滤镜制作连续平铺图案的注意事项有哪些？

6-5　分析 Soft Light 模式和 Hard Light 模式的特点。

第 7 章 网站概述

7.1 网站的组成

所谓网站,是指以 Web 应用为基础,可以存放信息内容和提供信息检索或商务服务的网络站点。它具有的特征是使用者通过浏览器就可以获得网站所提供的丰富资源,充分享受共享的信息与服务。构造一个网站的基本组成部分包括网页、网站空间、网址和域名。对于刚接触网站的人来说,应当首先了解有关的基本概念和常用的专业名词,下面我们就分别加以介绍。

7.1.1 网页

网页(Web Page),是网站中的一"页",通常是 HTML 格式(文件扩展名为 html、htm、asp、aspx、php 或 jsp 等),网页包含着文本、图形、声音和其他多媒体信息,一个网站的页面大到数百张,小到可能只有几张,这些页面通过超级链接(Hyper Link)相互联接在一起,你可通过单击超级链接从一个页面转到其他页面上进行浏览。网页要使用网页浏览器来阅读。网页是构成网站的基本元素,是承载各种网站应用的平台。通俗地说,您的网站就是由网页组成的。如果您只有域名和虚拟主机而没有制作任何网页的话,您的客户仍旧无法访问您的网站。在网站上通过浏览器看到的第一张页面,我们称为该网站的首页(Home Page)或主页。

7.1.2 网站空间

简单地讲,就是存放网站内容的空间,在网页设计好之后,需要在因特网上申请一个存储空间来存放网页,这就是网站空间。平时我们在上网时,通过域名(网址、网站地址)就可以访问到对方的网站空间的相关内容,看对方网站的文章,或下载网站提供的各种多媒体(如音乐、电影等)。网站空间可以由自己买台服务器来做,但费用太高,一般大公司或大型网站才会这样做,购买一个普通服务器要几万,高性能的服务器要几十、几百甚至几千万。有时候在没特别指明的情况下,网站空间也称其为虚拟主机空间,通常企业可以选择虚拟主机空间作为网站空间。

7.1.3 网址

因特网中,如果要从一台计算机访问网上另一台计算机,就必须知道对方的网址。只要在浏览器软件中键入您的网址,全世界接入 Internet 网的人都能够准确无误的访问到您主页的内容。这里所说的网址实际上指两个内涵,即 IP 地址和域名地址。计算机是个数字世界,任何信息在计算机中都被表示成数字化的形式,即使人名在计算机中表示,都有相应的数字代码与之对应。在网络世界中,为了准确地找到目的计算机,每一台计算机都必须标有唯一的一个地址。通常,这一地址用 4 个十进制数表示,中间用小数点隔开,称为 IP 地址,比如 202.96.128.86。然而,对人来说,用数字表示的计算机地址难以记忆,何况因特网上有几千万个 IP 地址。为了解决这一问题,便采用人善于识记的名字来表示计算机。为了确保网上计算机标识的唯一性,一种方案可以采用集中命名和管理的办法,整个因特网上只有一个机构来负责此项工作,很显然这种方案是不现实的。所以因特网规定了一套命名机制,称为域名系统。采用域名系统命名的网址,即为域名地址。

7.1.4 域名

从技术上讲,域名只是因特网中用于解决地址对应问题的一种方法。域名通俗地说就是站点的名字,大体可分为国际域名、国内域名、虚拟域名三类。域名是 Internet 网络上的一个服务器或一个网络系统的名字,在全世界,没有重复的域名。域名的形式是以若干个英文字母、数字、中横线组成的,如 open. edu. cn 是一个国内域名。

一个单位、机构或个人若想在互联网上有一个确定的名称或位置,需要进行域名登记。域名登记工作是由经过授权的注册中心进行的。国际域名是用户可注册的通用顶级域名的俗称,它的后缀为. com、. net 或. org,国内域名为后缀为. cn 的域名,二者在使用中基本没有区别。

由于域名和商标都在各自的范畴内具有唯一性,同时域名和商标又有着千丝万缕的联系。于是许多企业在选择域名时,往往希望用和自己企业商标一致的域名,但是域名和商标相比又具有更强的唯一性。如今人们在飞快地注册域名,在国外连街头上的小百货店和小加油站都注册了他们的域名,以便在网上宣传自己的产品和服务。在美国,从 Internet 上注册域名的公司从 1995 年初的 25 000 家猛增到目前的超过 400 000 家,有人把这件事情比喻成当年人类发现了新大陆。新大陆的资源有限,Internet 上的域名更有限,因为每个域名都只有一个。注重域名注册问题,不但有助于塑造使用者的网上形象,其潜在的价值也是不可估量的,域名已被誉为企业的"网上商标",域名的重要性及价值已被全世界的企业所认识。

7.2 网站的分类

由于网站的建设到现在为止还没有一个统一的标准和固定的模式,现已形成的网站分类方法一般是按照主体性质不同分为政府网站、企业网站、新闻性网站、商业网站、教育科研机构网站、个人网站、其他非盈利机构网站以及其他类型等。要想设计好一个网站,首先应该从认识已有的网站出发,分析总结各类网站建设的成功与失败经验,在此基础上进行归纳、创意。下面首先对分类作介绍,并对某些具体网站进行一些简单的分析。

7.2.1 政府网站

政府网站是我国各级政府机关履行职能、面向社会提供服务的官方网站,是政府机关实现政务信息公开、服务企业和社会公众、互动交流的重要渠道。政府网站,即是指一级政府在各部门的信息化建设基础之上,建立起跨部门的、综合的业务应用系统,使公民、企业与政府工作人员都能快速便捷地接入所有相关政府部门的政务信息与业务应用,并获得个性化的服务,使合适的人能够在恰当的时间获得恰当的服务。

政府网站集各种媒体优势(文字、音频、视频、信息延时、循环往复、交流互动等)于一身,具有较强的传播性。在人们的日常生活中,各级政府是重要的权威信息提供者,人们一方面需要通过政府网站了解政府的法律法规、最新动态、便民措施、施政纲领;另一方面,政府网站具有商业网站无法比拟的功能,即能够通过开展网上电子政务吸引大量的信息使用者,如网上纳税、网上公交传送等。同时,政府本身又是信息的最大使用者,政府的各项决策需要大量的相关信息的支持,政府网站成为一种最经济、最便捷的信息获取系统。

图 7-1 所示为"广东省人民政府网"首页(http://www.gd.gov.cn)。

从目前建成的政府网站看,其具有的一般功能为:

1. 动态信息发布

网上的政府信息具有规模大、信息量大、权威性强等特点。这些信息大致可分三类:

- 综合类,此类信息量大、覆盖面广、实用性强,在国内网上信息服务中起主导作用。
- 行业类,此类信息在政府信息中占主导地位,具有规模大、专业性强等特点,服务对象基本为相关行业。
- 宣传类,此类信息在精神文明建设中占主导地位,在网络宣传中,注重人们对经济、政治、文化、社会问题的关注点,真实反映群众的切身利益,提高政府网站的权威性和公信力,这一点是其他类型网站无法比拟的。

由于政府信息规模大、信息量大、权威性强,所以政府信息服务的发展直接关系到网上信息服务的内容和规模。如何使政府信息更好地为社会服务,应该尽快提高政府信息的开放性和综合性,以满足社会公众对信息的需求,以及促进全国信息服务的发展。

2. 在线调查

通过电子与网络手段,政府可开展广泛的在线民意调查、公民意见反馈和公众咨询,从而能以较低成本改变传统的听证方式与意见反馈的模式和机制,从而更好地制定政策,更好

图 7-1

地行政施政。在线调查可以提高政府听政于民、问计于民、咨询于民政策的实施。开展在线调查的优越性表现在：调查的广泛性、形式多样性、实时交互性等。例如 www.gd.gov.cn 政府网提供的"网上信访"和"网上互动"栏目，政府可以通过省长信箱、直播访谈、政务论坛、民声热线、民意征集、公众留言、投诉举报等功能了解民生关心的问题，如图 7-2 所示。

图 7-2

3. 站内检索

随着计算机网络的迅猛发展，文本检索技术的发展可谓日新月异，人们开始习惯互联网的检索时代，站内检索的需求也已经显露出来。网站实现站内检索已经成为一个站点的基本要求，在政府网中提供了大量法律、法规、政策信息，如此大的信息量如果不提供检索功能是很难查到相关信息的,所以站内检索是一个很重要的功能,也是衡量政府网站对社会的开放程度以及对公众提供信息服务质量的标准之一。站内检索一般具有模糊查询和详细查询两种方式。

4. 网上办公

网上办公将促进政务工作的透明度,决策过程的科学化与民主化,提高政府的工作效率。网上办公也将改进政府的信息系统、工作流程、政府采购和公共服务方式。民众随时随地都可以通过这个体系了解当地社会、经济、文化信息和各级政府所发布的政策、法规、法令等,咨询有关社会保障、医疗保健、税收条例、劳动就业等方面的问题,并通过这个网络向政府反映情况,提出建议和批评。它的逐步推广必然带来政府机构办公程序和办公方式的转变。

7.2.2 企业网站

企业网站主要为了外界了解企业自身、树立良好企业形象,并适当提供一定服务的网站。根据行业特性的差别,以及企业的建站目的和主要目标群体的不同,大致可以把企业网站分为:

(1)基本信息型:主要面向客户、业界人士或者普通浏览者,以介绍企业的基本资料、帮助树立企业形象为主,也可以适当提供行业内的新闻或者知识信息。这类网站所包含的功能比较简单,通常包含的功能有检索、论坛、留言,也有一些提供简单的浏览权控制,如只对代理商开放的栏目或频道。

(2)电子商务型:主要面向供应商、客户或者企业产品(服务)的消费群体,以提供某种直属于企业业务范围的服务或交易、或者为业务服务的服务或者交易为主。这样的网站可以说是正处于电子商务化的一个中间阶段,由于行业特色和企业投入的深度广度的不同,其电子商务化程度可能处于从比较初级的服务支持、产品列表到比较高级的网上支付的其中某一阶段,例如,网上银行、网上酒店等。

(3)多媒体广告型:主要面向客户或者企业产品(服务)的消费群体,以宣传企业的核心品牌形象或者主要产品(服务)为主。这种类型无论从目的上还是实际表现手法上相对于普通网站而言更像一个平面广告或者电视广告,因此用"多媒体广告"来称呼这种类型的网站更贴切一点。

在实际应用中,很多网站往往不能简单地归为某一种类型,无论是建站目的还是表现形式都可能涵盖了两种或两种以上类型。对于企业网站可以根据自身的特点将上述类型综合应用到自己的站点中,但是一定要突出自身的特点。

7.2.3 综合类网站

这类网站的代表有新浪、搜狐、网易、Tom、21cn、雅虎中国、新华网、人民网等。这些网站除了传统强项经济、时政、体育以及军事报道外,现在都设置了包括房地产、汽车、电子竞技、娱乐、生活、彩票等过去鲜有问津的新频道,力图更加贴近受众、贴近生活。而且这些网站都加强了商务及服务内容,通过整合信息资源建立起资讯服务体系,并加入了视频新闻和多媒体内容,突出了网站的交互功能。

此类网站的具有时效性强、辐射范围广、表现力丰富、信息量巨大特点,已逐渐成为网民经常愿意光顾的站点。此类网站特别注重新闻报道,国内外的新闻都可以在网上及时的看到,它们能在众多网站中脱颖而出,与它在新闻方面的突出成就是分不开的。这些门户网站除了共性外,还具有各自的特点,下面介绍一些国内具有影响力的网站自身的定位。

- 新浪网是全球最大的中文门户网站,全世界华语网民云集之地,中国互联网经济的风向标,它一直坚持领先者和探索者的姿态,积极开拓网站新的热点。
- 搜狐网是中国互联网的标志性公司,中国最知名的门户网站之一,它保持自身灵活性和适应性,在互动式搜索引擎、网络游戏和无线增值服务等领域均有不错的表现。
- 网易的网络游戏曾经创造了网易创业的神话,但在市场竞争日益加剧的今天,网易来自于游戏、短信和广告的收入,加上收费邮箱、个人主页等业务补充构成了整个网易的赢利模式。
- Tom.com 注重中国无线增值服务快速增长的市场。雅虎中国公认的搜索、邮件、即时通信领域都是很有特色的。
- 21cn 作为华南第一大综合门户网站,已开始建立起一种基于电信运营商、内容提供商、门户的独特互利模式。
- 人民网作为国家重点新闻网站坚持自己的办网目标——"人民网上看民意",人民网正成为中国乃至全球华人界最受关注的新闻网站。
- 新华网是中国互联网最大的官方网站,可以倾听到官方通过互联网传递出来的最快和最准确的信息。

综合类网站已成为人们网上获取信息的首选,让人们足不出户就可以了解天下事,所以这类网站也是最受网民欢迎的站点。

7.2.4　搜索引擎网站

面对互联网上巨大的信息资源,如何快速有效地寻找到人们所需要的信息,又如何将新产生的信息及时提供给网上的广大用户使用,成为互联网应用研究的一个重要课题。Internet 上的搜索引擎是一种专门提供信息检索服务的网站,帮助使用者快速、方便地获取网上存在的各类信息,搜索引擎网站改变了以往通过输入 URL 地址访问特定网站这一烦琐的方法,使用者可以输入关键词或其他检索条件进行目标明确的检索,使网上信息获取方式产生了根本性变化。

1994 年是搜索引擎发展历史上最重要的一年,华裔学生杨致远和美国人大卫·费罗共同创建的一个具有超级目录索引的网站——Yahoo,成功地引入了搜索引擎的概念。从此搜索引擎进入了调整发展时期,先后出现了许多著名搜索网站,例如 Yahoo、Google、Baidu等。搜索网站一般为三类:

1. 目录索引

目录索引就是在检索信息库中将网站分门别类地组织在多级目录中,在网页中也按照这个多级目录结构以树状的形式将库中收藏的网站的链接等信息逐层列表出来,供用户在检索时使用。检索网站在网页上提供多个检索主目录,上网用户根据需要从主目录中一级

一级展开,从而找到自己需要的相关子目录,最后一级子目录将列出所包含的网站,进入网
站后就可以查阅所需要的信息。Yahoo 是目录检索网站的代表,以 Yahoo 的杭州站为例,
其搜索主页上提供了房产、商务等 15 个检索主目录,如图 7-3 所示。依次按照房产、新房、
普通住宅的顺序就可以找到很多关于新房的信息了,如图 7-4 所示。

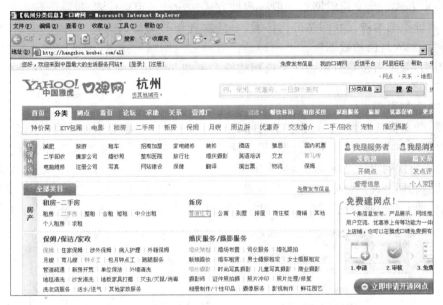

图　7-3

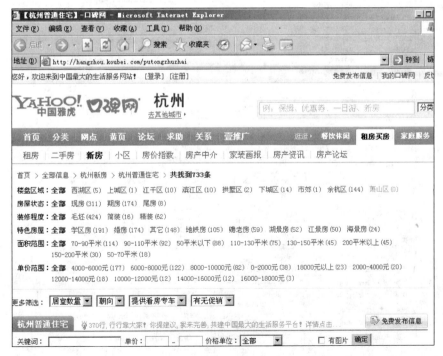

图　7-4

2. 全文检索

全文检索是基于网页进行的,全文检索系统中最为关键的部分是全文检索引擎,各种应用程序都需要建立在这个引擎之上。一个全文检索应用的优异程度,根本上由全文检索引擎来决定。检索程序就根据事先建立的索引在数据库中进行查找,并将查找的结果反馈给用户的检索方式。全文检索网站一般有两种方式。一种是定期检索,每隔一段固定时间,对一定 IP 地址范围内的互联网站进行检索,一旦发现新的网站,它会自动提取网站的网页信息和将网址加入自己的数据库。另一种是针对特定的网站的搜索,网站的拥有者向搜索网站提交申请,登记后搜索引擎会在定期扫描整个网站并将获取的相关网页信息存入数据库,以备用户查询。

3. 综合型引擎

目前,全文搜索引擎与目录索引的技术逐渐相互渗透。一些原来纯粹提供全文检索服务的搜索引擎现在也接收目录索引注册,提供目录索引服务。或者集成了其他目录索引引擎,在搜索结果中直接列出经过目录索引搜索出来的网站。比如国内的几家著名的搜索引擎网站就有网站搜索和网页搜索之分(见图 7-5 和图 7-6),用户可以自己选择。选择网站搜索时,它是目录索引,搜索范围是自己已注册的网站;而选择网页搜索时,它们又成了全文搜索引擎。

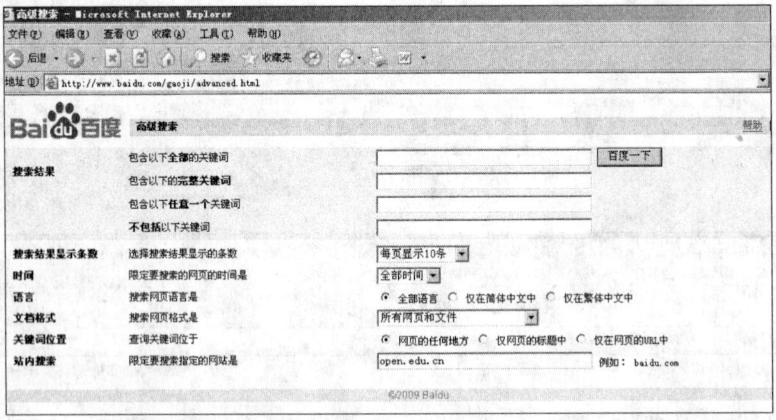

图　7-5

图　7-6

7.2.5 教育类网站

这类网站主要以提供各种形式的网上远程教育为主。随着网络技术和多媒体技术的快速发展,网站提供的服务也发生了很大的变化。早期的网站中只能提供教育信息查询、网上注册、电子邮件答疑、文本课件浏览及下载等服务,如今的教育网站可以提供网上视频点播、虚拟课堂、电子图书借阅等互动型服务。人们的学习方式也随之发生了改变,人们可以更便捷地选择学习的类型。

7.2.6 电子商务类网站

我国电子商务起步较晚,但发展速度非常快。2000 年,我国电子商务交易额仅为771.6 亿元人民币,到2010 年,根据中国电子商务研究中心正式发布的《2010 年度中国电子商务市场数据监测报告》显示,电子商务交易额逾 4.5 万亿元人民币,其中,B2B 电子商务交易额达到 3.8 万亿元,比例接近电子商务市场交易总额的 84.4%。根据市场预测,2011 年中国电子商务市场规模将会达到 7 亿万元。

如今网上购物、直销购物活动越来越体现出其在商业活动中的强大发展势头,而且越来越多的网络用户已认可了网上购物能够为生活带来更大便捷以及实惠,国内的电子商务网站在迅猛发展,也诞生了很多知名的电子商务网站,比如阿里巴巴(alibaba)、HC360 慧聪商务(hc360)、中国供应商网(www.china.cn)、当当网(dangdang)、铭万网(mainone)、制造资源网(www.oemresource.com)等。

7.2.7 个人网站

个人站点是指由少数人或者个人建立的网站,一般是出于个人兴趣和爱好而建设的。目前,随着网络条件的改善、网络知识的普及,在因特网上拥有自己的一片家园已经成为每一个网民的心愿。起初,人们并没有注意个人网站的商业价值,但随着个人主页制作水平的不断提高,个人站点也显示出了一定市场价值。个人主页制作从原来的业余化已逐步向专业化的方向发展了,且制作水平也越来越高。

习题 7

7-1 网站由哪些内容组成?

7-2 试说明政府网站具有的功能。

7-3 一般按网站主体性质分类,网站分为哪些类型?

第 8 章   网站规划设计

本章知识点

- 确定网站类型
- 定位网站主题与名称
- 确定网站内容
- 网站界面规划
- 网站策划书撰写要点

本章学习目标

- 如何确定网站类型
- 掌握定位网站主题与名称的方法
- 确定网站内容
- 掌握网站界面规划
- 如何写好网站策划书

网站规划对网站建设起到计划和指导的作用,对网站的内容和维护起到定位作用。一个网站的成功与否和创建站点前的网站规划有着极为重要的关系。在建设网站前设计人员应该首先明确建设网站的目的及功能定位,才能对网站进行规划和实施网站开发。

网站规划是网站建设的基础和指导纲领,决定了一个网站的发展方向,同时对网站推广也具有指导意义。在网站的规划阶段要明确目标、详细规划,因为网站的建设要耗费大量的财力和物力,一旦在规划阶段对网站的内容和主题定位有偏差,将对整个网站的建设产生很大的影响。

8.1   确定网站类型

随着网络的不断发展,网站的数量与日俱增,网站出现了优胜劣汰,有些网站发展蒸蒸日上,有些则会逐渐衰落直至消亡。不论是小型网站或者是大型网站都要明确网站的类型,要有自己的特点,比如个人网站有人喜欢展示个人的家庭生活、有人喜欢展示兴趣爱好、有人喜欢分享自己的成功经验,其实任何类型的网站都有不同的侧重点,明确了建设网站的类型有利于更好地开发、设计和推广网站。

因为网站的类型和功能都各不相同,所以在设计网站之前,一定要先清楚自己的网站是什么类型,然后再结合功能、目的,有的放矢,才能做好网站的设计,否则在设计过程中再修改就非常困难了。网站类型主要有门户网站、普及型网站、电子商务网站、媒体类网站、办公事务管理网站、商务管理网站和娱乐性网站等，下面分析几种常见的类型供大家选择。

8.1.1　综合信息门户网站

综合信息门户网站简称门户网站，或称为入门网站，是综合性网站的俗称，该类型网站提供的信息丰富、服务多样，是网络用户上网的首选。在 Internet 发展的初期，门户网站大多专指那些提供搜索引擎的网站，如 Yahoo、搜狐等，这是因为大多数客户上网时不知道从哪里下手，往往需要借助搜索引擎来查找自己感兴趣的网站信息，久而久之，此类网站就成了全球网上冲浪者的必经之地，网站的知名度也大大提高了。

随着 Internet 的普及，人们对网络的熟悉程度也不断提高，对搜索引擎的喜爱程度也有所下降，多数网络使用者访问提供搜索引擎的网站也只是以此为入门，查询信息完毕之后便立即离开，或直接跳转到目的网站。为了能让用户多停留一些时间，门户网站经营者使出浑身解数，在网站的内容和其他服务方面下了不少工夫，纷纷推出了大量免费的服务项目，诸如个人主页、股票行情、免费电子信箱、聊天室、星座运情、天气预报、即时新闻、网上论坛、娱乐信息和网络游戏等。

目前比较知名的中文门户网站主要有新浪、搜狐、网易，如图 8-1 所示，这些网站内容除了搜索引擎外，还包括新闻、娱乐、游戏、文化、体育、健康、科技、财经、教育、汽车、视频、音乐等若干板块，以及网上短信、个人主页、免费邮箱、博客、聊天、论坛等服务项目。

图　8-1

国外知名的门户网站如雅虎、MSN 等，内容以新闻和娱乐为主，也提供免费邮箱、在线聊天等服务项目。

国内传统媒体办的网站，以人民网、大洋网、央视国际为代表，以提供新闻和时事评论为主。

8.1.2 普及型网站

普及型网站主要包括政府门户网站、企业门户网站、事业单位网站、学校网站以及个人网站等。

1. 企业门户网站

企业门户网站是为企业提供全面信息资讯和服务的专业的行业性网站，其实质是行业网站，用企业门户称呼是为方便理解。用户的需求推动着互联网的发展，用户需要更多地了解企业，企业也需要挖掘潜在的消费群，这是企业的综合信息网站发展的推动力。企业门户网站发布企业基本信息、业绩、企业精神、企业文化乃至企业的整体形象、产品发布、服务信息、供求信息、人员招聘信息、通信联系方式和合作信息等，通过 Internet 提高企业产品的竞争力，其最终目的是使企业通过互联网实现商业利益。

企业门户网站的发展也是顺应互联网整体发展趋势，它将企业的日常涉外工作通过企业网站的形式管理，其中包括营销、技术支持、售后服务、物料采购、社会公共关系处理等。因网站涵盖的工作类型多，信息量大，访问群体广，信息更新需要多个部门共同完成。

企业网站有两种目的比较明确的类型：产品查询展示型网站和品牌宣传型网站。

产品查询展示型网站，主要面向客户、业界人士或者普通浏览者，以介绍企业的基本资料、推广产品、帮助树立企业形象为主，也可以适当提供行业内的新闻或者知识信息，以提供信息为主要目的，不要求实现业务或工作逻辑。此类网站利用网络的多媒体技术，数据库存储查询技术，三维展示技术，配合有效的图片和文字说明，将企业的产品（服务）充分展现给新老客户，使客户能全方位地了解公司产品。与传统的产品印刷资料相比，网站可以营造更加直观的氛围和产品的感染力，促使商家及消费者对产品产生采购欲望，从而促进企业销售。

品牌宣传型网站，指的是以互联网为载体，进行品牌塑造，让浏览者加深对公司的了解，对企业品牌、文化、理念有更好的认识，网站着重展示企业 CI、传播品牌文化、提高品牌知名度。此类网站强调广告创意设计，用多媒体交互技术，动态网页技术等新技术全方位地宣传企业文化，将企业品牌通过互联网推广给消费者。此类网站特点是视觉效果夺目绚丽，网站设计与企业文化、产品有很好的关联，技术手段多采用图片、Flash 和视频。

2. 政府门户网站

经过多年的电子政务建设与探索，人们逐渐明白网站在电子政务中的主体地位——它既是电子政务的外在表现，也是在网络时代"执政为民、直接服务大众"的窗口，更是从电子政务向电子政府过渡的平台。政府门户网站建设的成败与否，直接标志我国电子政务的成败，效益发挥的高低，因此正在成为我国电子政务工作的中心任务。

政府门户网站作为电子政府公共服务的核心平台，是政府实现政务信息公开、服务企业和社会公众、方便公众参与的重要渠道，已成为政府和社会互动的第一界面，其发展水平也成为衡量国家及电子政务进程的核心标志。以服务为指向的电子政府运动，伴随着各国的国家信息化进程,渐成风潮。

政府门户网站主要包括政府新闻信息发布、政府文件、政策、机构组成、人事任免、办事规程、意见政绩、辖区地图及介绍等,如图 8-2 所示。政府门户网站是一个比较严肃的网站,没有商业广告,网页设计应该比较沉稳。此类网站重点面向领域有政府、金融、农业、卫生(医院)、数字城市、部门信息化规划、开发区等门户网站及网站群规划。

图 8-2

3. 事业单位网站

事业单位网站主要宣传单位的形象、介绍单位的业绩、组织机构、联系方式等。

4. 学校网站

学校网站最为突出的是大学网站,主要介绍学校的历史和文化、本科教育、研究生教育、海外教育、科学研究、招生信息、院系设置、管理机构、合作交流、学生生活、学校资源和招聘信息等。图 8-3 所示为中山大学的网站。

5. 个人网站

个人网站主要展现个人的才华、发表个人的观点、介绍个人某一方面的技能等。

8.1.3 电子商务网站

电子商务(Electronic Commerce)是指利用计算机技术、网络技术和远程通信技术,实现整个商务(买卖)过程电子化、数字化和网络化。人们可以不再需要面对面地看着实实在在的货物,靠纸介质单据(包括现金)进行交易,而是通过 Internet 上琳琅满目的商品信息、完善的物流配送系统和既方便又安全的资金结算系统进行交易。Internet 实现了世界范围

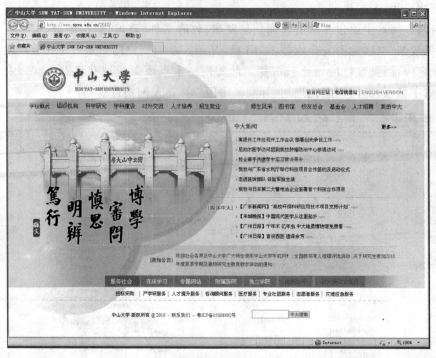

图 8-3

内网络间的互联互通和信息共享,打破了地域上的差别和时间上的限制,促进了电子商务活动的开展。

电子商务网站的目的就是通过 Internet 销售货品盈利,由于电子商务通过 Internet 进行电子交易,因此电子商务网站需要高安全性、高可靠性、高伸缩性的数据库和设计技术,这与一般网站有着明显不同。

电子商务网站最为常见的形式就是网上购物型网站,主要提供网上商品买卖,购买的对象可以是企业之间(B2B,如阿里巴巴)、消费者之间(C2C,如淘宝网、易趣、拍拍网)、企业与消费者之间(B2C,如新蛋网,如图 8-4 所示)。按照过程可分为商品检索、商品采购、订单支付三个阶段,因此,电子商务网站应当具有如下功能:

- 商品发布功能

选择优秀商品,精心组织商品信息,让更多的客户了解这些商品。

- 商品选购功能

客户根据需要,可以像超市里一样使用“购物车”方便地选购商品。“购物车”技术最大限度地提高了商品采购的速度,具有个性化的采购订单模板,顾客可以进行购物组合比较。“购物车”内置的价格计算模型可以根据商家的价格体系灵活定制。

- 在线交易功能

顾客将选好的商品、个人联系信息、送货的方式、付款的方式等填好后提交给网站的订单程序,商家在收到订单后通过邮件或电话核实上述内容。

- 商品交接、资金结算功能

按照功能模块的划分该类网站主要的功能为:商品管理、订购管理、订单管理、产品推荐、支付管理、收费管理、送发货管理、会员管理等基本系统功能。

随着我国电子商务行业的快速发展,购物型网站为销售商务开辟了新的营销渠道,扩大了市场,同时还可以接触最直接的消费者,获得第一手的产品市场反馈,有利于市场决策。

图 8-4

电子商务网站还有一种是企业涉外商务型网站,以互联网为基础,结合企业自身的网站提高企业的各种涉外工作的效率。该类网站的核心目标是提供远程、及时、准确的服务。企业通过这个平台可以实现渠道分销、终端客户销售、合作伙伴管理、网上采购、实时在线服务、物流管理、售后服务管理等,它将更进一步地优化企业现有的服务体系,实现公司对分公司、经销商、售后服务商、消费者的有效管理,加速企业的信息流、资金流、物流的运转效率,降低企业经营成本,为企业创造额外收益,降低企业经营成本。

8.1.4 媒体信息类网站

这类网站是报社、杂志社、广播电台、电视台等传统媒体为了树立网上形象,发布网络新闻信息,提供艺术欣赏、博客、论坛、地图、旅游知道、天气预报等服务而建立的网站,如图 8-5 中央网络电视台。该类网站的主要功能如下:

信息发布:通过信息发布,将报社、杂志社的文章以及视频新闻快速、方便地上传到网上,电台、电视台则可向观众提供电视节目表等信息。

电子出版:报社、杂志可以根据需要,设定一定数量的网站专栏,发布电子版。电台、电视台可以在网上有选择地发布已播出的节目供用户收看、收听。

客户在线咨询:将各种最新公告几时通报给读者、特约记者和广告客户,读者可以通过

图 8-5

网站向编辑部提出意见和建议,广告客户可以像广告部提交广告订单,特约记者可以通过网站实现在线投递稿件等。

网站管理:使用对象是系统管理员和网站编辑,主要包括用户及权限设置、数据库维护、网页设置、标志与标题设置及网站各栏目内容编辑等功能。

博客:提供名人或向展示自己才能的人集中发表观点的平台,发表个人的观点、展现个人的特长、回答客户的问题,吸引追星族访问网站,建立名人和普通客户的沟通渠道等。

论坛 BBS:提供客户对一些热点问题发表言论的平台,充分体现 Internet 上人人平等、自由发表言论的权利,这是传统信息媒体所不具有的。

聊天:提供客户在线互相交流的平台,改变了传统信息交流的方式。

服务:提供免费 E-mail、网络存储、艺术欣赏、地图、旅游知道、天气预报等服务,以吸引更多客户尽可能长时间地停留在该网站。

8.1.5 办公事务管理网站

这类网站是企业、事业单位为了实现办公自动化而建立的内部网站,又可称为 OA 系统,主要功能如下。

办公事务管理:主要包括公文与文档管理、公告、大事记、会议纪要、资产与办公用品管理、行政管理规章制度、办公事务讨论等。

人力资源管理:主要包括员工档案、岗位职责、员工通讯录、认识管理规范等。

财务资产管理:主要包括固定资产管理、工资管理、经费管理等。

网站管理：主要包括用户及权限设置、数据库维护、网页设置、标志与标题设置及网站各栏目内容编辑等功能。

8.1.6　娱乐性网站

Internet 不仅可以提供信息咨询、政务管理、电子商务管理、电子商务等服务，还可以为客户提供一个娱乐的大平台，Internet 也彻底改变了过去的娱乐游戏模式，Internet 游戏更具有魅力、更具有诱惑力，Internet 娱乐性网站使人与虚拟现实浑然一体，这类网站使玩游戏的人有一种梦幻、痴迷的感觉，Internet 娱乐性网站是一种朝气蓬勃的、很具市场潜力的网站。这类网站主要有游戏介绍、游戏规则、游戏试玩、在线游戏、游戏下载、会员、论坛等功能。现在的游戏网站有中国游戏中心、联众世界、新浪游戏等；承载悠闲网页游戏的知名社交网站有 Facebook 和开心网，如图 8-6 所示。

图　8-6

8.2　定位网站主题与名称

准备设计一个站点时，首先考虑的问题就是如何定位网站主题。网站定位是否准确合理，直接影响到网站的整体建设和发展。一般的网站都有明确的定位，例如："服务于中国及全球华人社群的领先在线媒体及增值资讯服务提供商"是新浪的定位，"中国最领先的新媒体、电子商务、通信及移动增值服务公司"是搜狐的定位。百度则声称要"根植于博大精深的中文世界,专注于做最优秀的中文搜索引擎",可以看出网站的定位将主导网站的成败与发展。

我们说的主题具体地说就是网站的题材。随着网络的发展,网站题材日益丰富,很容易找到自己选择的内容。美国《个人电脑》杂志(PC Magazine)评出的 1999 年度排名前 100 位的全美知名网站的十类题材,可供我们参考。

第 1 类:网上求职

第 2 类:网上聊天/即时信息/ICQ

第 3 类:网上社区/讨论/邮件列表

第 4 类:计算机技术

第 5 类:网页/网站开发

第 6 类:娱乐网站

第 7 类:旅行

第 8 类:参考/资讯

第 9 类:家庭/教育

第 10 类:生活/时尚

在十个大类中还可以继续细分,比如新闻可为军事/评论,体育分为 NBA/CBA/中超,娱乐分为电影/电视/音乐等。除了最常见的题材,还有许多专业的、另类的、独特的题材可以选择,比如中医、热带鱼、天气预报等,同时,各个题材相联系和交叉结合可以产生新的题材,例如旅游论坛(旅游＋讨论)、经典入球播放(足球＋影视)等,按这样分下去,题材可以有成千上万个,如今人们设计网站将不会再为题材的选择而烦恼了。

题材确定以后,就可以围绕题材给网站起一个名字。网站名称一般出现在网站首页上,起到区别网站的目的,网站名称选择也是网站设计的一部分,而且是很关键的一个的因素。网站的名称是网站内容的高度概括,所以名称的选择首先要准确、符合事实,其次要标准化容易记忆、有特色。网站的命名要符合国情,在国内尽可能用中文来命名,不要使用英文或者中英文混合型名称。网站的名称如果能体现一定的内涵,给浏览者更多的视觉冲击和空间想象力则会对网站的推广有很好的效果。

8.2.1 网站设计主题分析

随着网络的发展和普及,网络可以为用户提供许多形形色色的服务,例如,在网上浏览新闻、搜索信息、收发电子邮件、网上销售、网上购物、网上教育、即时通讯、网络游戏、网络会议、收听在线广播、收看在线电影、上传下载文件、参与网络社区等都是网络用户经常使用的网络服务或功能。这些大多都以网站或借助网站的形式为用户服务。网站的类型也随着用户的需要和网络技术的发展不断发生变化。网站的不同主体性质、建设网站的目的和网站的覆盖面积等因素对网站的需求有重要的影响。

1. 网站的主体性质

网站按照主体性质不同分为政府网站、企业网站、商业网站、教育科研机构网站、个人网站、其他非盈利机构网站等。通过对网站的拥有者进行鉴别,可以很快地判断出网站的目标和可能包含的内容。如政府网站是为民众提供服务的;企业网站是为了让用户了解产品的详细情况，促进销售；商业网站是一些以盈利为目的的群体，为用户提供有偿的服务；教育科研机构网站的目的是为了促进学术交流与合作；个人网站是以展示自我，和其他人分享生活和工作的乐趣、经验为目的；非盈利机构以为用户提供免费的服务和信息为己任。

2. 建设网站的目的

建设网站是为了满足用户的需求，而用户的需求千变万化、多种多样，所以网站的分类也纷繁复杂。典型的网站服务和功能有提供信息、提供服务、提供娱乐、提供讨论空间、发布通知和布告、出售产品、宣传产品、发展会员等。建设网站应该有清晰的目的，开发设计人员要对这个目的有深刻的认识，选择适当的技术，用能够突出网站优点和特色的方法设计出成功的网站。

3. 网站的覆盖面

网站可以分为内部网站和外部网站。内部网站只是供局域网用户或通过特定专用网络的用户访问。例如公司内部的网络办公系统，学校的教学管理系统等。外部网站是通过互联网可以让用户自由访问的网站。

除此之外，还可以按照网站的规模分为小型网站、中型网站和大型网站。网站的规模可以按照网站存储的信息来衡量，也可以按网站每日或每周的访问量来衡量。还可以按照网站建设的技术分为静态网站和动态网站。静态网站是以独立文件的方式来存取信息，网站被发布以后，内容相对固定不变，网站规模比较小，交互性差，难以维护。动态网站是指以数据库的方式存取信息的，网站可根据管理者的需求或用户浏览的状态自动更新网站的信息，具有良好的交互性。

8.2.2　网站的名称分析

网站目的和功能确定后网站主题就确定了，围绕主题应该给网站取一个适宜的名字。网站名称也是网站设计的一部分，而且是非常关键的一个因素，它能展现网站的主题，如果你已经有一个绝妙的主意了，那我们开始为网站起名字。你可能认为起名字与网站设计无关，在这里浪费时间。其实网站名称也是网站设计的一部分，而且是关键的一个要素。比如，"电脑学习室"和"电脑之家"显然是后者简练；"迷笛乐园"和"MIDI 乐园"显然是后者明晰；"儿童天地"和"中国幼儿园"显然是后者大气。

而网站域名和名称一样，网站域名是否正气、响亮、易记，对网站的形象和宣传推广也有很大影响。

一般的建议是：

1. 名称要"正点"

"正点"这个词是通俗的说法，其实就是要合法、合理、合情。不能用反动的、色情的、迷信的、危害社会安全的名词、语句，其次名称和域名尽量起避免和文化有冲突的名字。

2. 名称要易记

根据中文网站浏览者的特点，除非特定需要，网站名称最好用中文名称，不要使用英文或者中英文混合型名称。例如 beyond studio 和超越工作室，后者更亲切好记。另外，网站名称的字数应该控制在 6 个字（最好 4 个字）以内，比如"XX 阁"、"XX 设计室"，4 个字的可以用成语，如"一网打尽"。字数少还有个好处，一般友情链接的小 Logo 尺寸是 88×31，而

6 个字的宽度是 78 左右,适合于其他站点的链接排版;或者使用英文单词组合,便于用户把域名和网站名称联系起来记忆;也可以用网站名称的谐音组合成自助词,如搜狐的 www. sohu. com。

3. 名称要有特色

名称平实就可以接受,如果能体现一定的内涵,给浏览者更多的视觉冲击和空间想象力,则为上品。这里举几个笔者自认为很好的名称:音乐前卫,网页陶吧,天籁论音。它们都能在体现出网站主题的同时,点出特色之处。

4. 尽量选择顶级域名

有国际用户的网站,要注册一个国际顶级域名。如果面向特定国家的用户服务,还必须使用该国家的顶级域名。使用国家顶级域名不但可以把网站定位成特定国家的网站,也有助于将网站的语言和内容本地化。例如联想集团自收购了 IBM 全球 PC 业务以来,用户遍布全球。当用户第一次访问 www. lenovo. com 时,该域名会指向联想全球网站,联想全球网站提供了指向不同国家或地区顶级域名的链接。

总之,定位题材和名称是设计一个网站的第一步,也是很重要的一部分。如果能找到一个满意的名称,即使花时间去查字典找资料也是值得的。定位题材和名称是设计一个网站的第一步,也是很重要的一部分。

8.3 确定网站内容

好的内容选择需要有好的创意,作为网站设计者,最苦恼的就是没有好的内容创意。创意的目的是为了更好地宣传与推广网站,如果创意不好,网站发展将非常困难并将变得毫无意义,那么网站设计者也应当放弃这个创意。成功网站的最大秘诀在于让用户感到网站对他们非常有用,内容的选择、独特的创意依然是网站成功的关键。在确定网站内容前,需要清楚网站内容的分类、设计原则以及常规网站应该包括的内容。

8.3.1 网站内容的分类

网站的内容包括很多,从技术角度看将网站的内容分为静态内容和动态内容两个部分。

1. 静态内容

网站的静态内容是指网站内容中相对不变的部分,它的主要作用是维持整个网站的风格,给访问者一个熟悉的浏览环境。静态页面的工作原理是:当浏览器通过 Internet 的 HTTP 协议向站点服务器要求提供主页的内容时,站点服务器收到要求后就传送已设计好的 HTML 文件数据给浏览者。在网站中网站的标志、版头、广告栏,各个页面共享的超级链接等,这些都属于静态内容,它们共同维持了页面的整体结构,如果轻易变动这些内容,必将使访问者产生疑问,是不是走错了地方。所以,为了保持网站的形象,应该对网站的静态内容进行周密的设计,并加入一些让人感到舒适的创意。

2. 动态内容

网站的动态内容是网站内容中的主题部分,也是访问者主要浏览的内容,它以交互方式呈现。因此,应该周密地考虑哪些内容属于动态内容部分,哪些内容应该放在网站动态内容的位置上。要实现一个可与用户交互信息的服务系统,所需增加的内容有两项：交互式页面和用户输入信息处理程序。从技术角度讲,网页的动态内容通常存放在网站后台的数据库里,通过运行用 ASP 和 CGI 等语言编写的服务器端程序,自动生成 HTML 代码(网页)再送往浏览器。这样做的好处是,更新内容方便,维护简单,便于管理。

8.3.2　网站内容设计原则

1. 兼容性

对于网页设计人员来说,在设计网页的时候,最麻烦,以及最令人头疼的问题就是如何确保自己设计的网页可以在使用不同内核的浏览器上都能正常显示。而对于一般用户来说,最头疼的问题则可能是某个重要的网站在自己常用的浏览器中无法正常显示,需要使用其他浏览器。由于不同浏览器的解释方法不尽相同,所以在网页设计时要充分考虑到这一点,让所有的浏览器都能够正常浏览。

2. 便捷性

网站信息的组织没有任何简单快捷的方法,吸引用户的关键在于总体结构要层次分明,应该尽量避免形成复杂的网状结构。网状结构不仅不利于用户查找感兴趣的内容,而且在信息不断增多后还会使维护工作非常困难。

3. 适量性

图像、声音和视频信息能够比普通文本提供更丰富和更直接的信息,产生更大的吸引力,但文本字符可提供较快的浏览速度。因此,图像和多媒体信息的使用要适中,减少文件数量和大小是必要的。

4. 可视性

一般来说,主页是一个网站中最重要的网页,也是访问最频繁的网页,如何提高首页的可视性是设计的一个重点。首页是一个网站的灵魂,体现了整个网站的制作风格和性质,主页上通常会有整个网站的导航目录,所以主页也是一个网站的起点站或者说主目录。对于任何网站,主页或第一个网页都是非常重要的,因为它们能够给用户很深的第一印象,好的第一印象能够吸引用户再次光顾这个网站。

5. 动态性

网站内容应该是动态的,随时进行修改和更新,以使自己的网站紧跟潮流。在主页上注明更新日期及 URL 对于经常访问的用户非常有用。

6. 实用性

网页中应该提供一些联机帮助功能,千万不能让用户不知所措。网页的文本内容应简单明了、通俗易懂。所有内容都要针对设计目标选择,不要节外生枝。不能出现语法错误和错别字。

8.3.3　网站应该包括的十项内容

按照国外制作英文网站的要求,一个标准的网站应该包括以下 10 项内容。

1. 站点结构图

站点结构图是关于站点组织方式的示意图。站点的主要栏目或者关键内容列在其下的副标题中。当访问者单击标题、题目或副标题时,相关的网页就会出现在屏幕当中。站点结构图还可以被看做是站点的分级结构图,以这种方式组织起来的信息可以使访问者迅速找到信息所在的位置。站点结构图与导航栏的区别是·站点结构图可以,也应该包括与导航栏类似的链接供用户单击至相关网页,但它并不是一个单纯的导航工具,它的目的在于提供独立的、更详细的站点结构概况。

2. 导航栏

每个网站都应该包括一组导航工具,它出现在此网站的每一个页面中,称为导航栏。导航栏中的按钮应该包括主页、联系方式、反馈及其他一些用户感兴趣的内容。这些内容应该与站点结构图中的主要题目相关联。设计导航栏应该注意以下几点:

(1)图片比单纯的文字效果更佳,但它必须能够清楚地体现出它所连接的内容。图片下应附有文字说明,以避免图片使用不当而引起的混淆。

(2)无任何链接的内容不要做成按钮的形式。

(3)使用常用颜色。应该使用标准、醒目的颜色,避免在链接处使用特殊的颜色。

(4)当前页面所对应的按钮应该相应地变成灰色、突出显示或以其他方式表示出来。

(5)每个页面都应该包括代表"返回"或"前进"按钮。

3. 联系方式页面

在此页面中创建可发送 E-mail 的链接,使 E-mail 地址可以自动地出现在"收信人"栏中。这样,访问者在录入相关内容后单击"发送"按钮即可完成发送操作。此页面还应包括其他联系方式,如通信地址及联系人、传真、电话号码等。在导航栏中应能够很方便地找到这些信息。

4. 反馈表

利用反馈表,用户可以随时提出信息需求,而不必记下电话号码。反馈表还为那些没有 E-mail 的用户提供了方便。有了反馈表,可以选择是以寄信件、发 E-mail,还是打电话的方式与用户联系,每个反馈表都是一个不断提高服务质量以满足用户需求的机会。从反馈表中可以发现在你的网站中哪些信息是重要的,哪些是无关紧要的。还可以考虑加设消息栏。用户可以在此发表一些评论,提出问题。这不仅可以使用户与你保持联系,也可以让他们互相之间进行交流。

5. 引人入胜的内容

在每页中都要包含相关的、引人入胜的内容,特别是当你要销售产品的时候,要为商品附上详细的内容和精美的图片。因为你的目的是为了吸引客户,所以网站上所使用的语言也应该通俗易懂,对专业用语及技术术语要进行解释。特别重要的内容用符号标记出来,但不要用得过多,以保持页面的简洁。不要把网站建成单纯的网上介绍。

6. 常见问题解答

创建 FAQs 可以避免重复回答相同的问题以节省管理者和访问者的时间和精力。可以将问题列于 FAQs 页面的和上部,并将每个问题与回答链接在一起。另外,要确认在导航栏中包含有 FAQs 按钮。

7. 精美的图片

图片不要用得过多,要选择合适的、无需太多内存及下载时间的图片。可以降低图片精度,对每页的文字和图像进行限制,或创建纯文本的版本。

8. 搜索工具

用户可以在搜索工具中输入关键词或词组,在单击查询按钮后,与关键词相关的网页列表就会出现在屏幕上。注意要提供关于有效查询的说明。

9. 新闻页面

引导用户访问新信息有以下几种方法:

(1) 在最新更新的信息边加注一个亮丽的小图标"新!"。

(2) 为最新消息创建单独页面,并在一段时间后将其移到适当的目录中。

(3) 在主页或每个页面下加注一行文字,表明本网站或每个单独的页面最近一次被更新的时间。

10. 相关站点链接

好的站点通常都可以链接到其他相关站点以提供更多信息,对每个链接都要做简单说明,并对它被链接的原因进行阐述,这些信息可以帮助访问者选择最适合其需求的站点。定期访问各链接站点,删除那些"死"站点,以免使访问者感到厌烦。维护工作每周一次就足够了,但要持之以恒。内容是网站吸引浏览者最重要的因素,内容少或信息不实用的网站无法吸引匆匆浏览的访客。建议事先对人们希望阅读的信息进行调查,并在网站发布后调查人们对网站内容的满意度,以便及时调整网站内容。

8.4　网站界面规划

界面是网站给浏览者的第一印象,往往决定了网站的观赏性。界面设计要让人看着舒服,不求华丽,尽可能简洁实用。在界面规划中应该考虑的问题如下。

8.4.1　栏目与板块编排

构建一个网站就好比写一篇论文,首先要列出提纲,才能主题明确、层次清晰。初学者最容易犯的错误就是确定题材后就立刻开始制作,根本没有进行合理规划,出现的问题是网站结构不清晰、目录杂乱、板块编排混乱等。如果栏目设计不合理,使用者会看得糊里糊涂,设计者在扩充和维护网站时也相当困难。所以,在动手制作网页前,一定要考虑好栏目和板块的编排问题。

网站的题材确定后,就要将收集到的资料内容作一个合理的编排。比如,将一些最吸引人的内容放在最突出的位置或者使之在版面分布上占优势地位。栏目实质是一个网站的大纲索引,栏目的设置应该突出网站的主题。编排栏目时需要注意的是:

- 突出主题,栏目的选择要紧扣主题,与主题无关的栏目尽可能删除。
- 网站的导航与指南栏目要适合浏览者的习惯,尽可能从访问者角度来编排栏目以方便访问者的浏览和查询。

- 尽可能将网站内最有价值的内容列在栏目上。
- 不可喧宾夺主,辅助内容要避免冲淡主题。如网站简介、版权信息、个人信息等不必放在主栏目里。
- 板块的编排设置也要合理安排与划分。

板块比栏目的概念要大一些,每个板块可以有自己的栏目。一般来说,个人网站内容较少,只要分栏目就够了,不需要设置板块。如需要设置板块的,应该注意以下几点:

- 各板块要有相对独立性。
- 板块之间要相互关联。
- 各板块的内容要围绕网站主题。

8.4.2　目录结构与链接结构

网站的目录是指建立网站时创建的目录。目录的结构是一个容易被忽略的问题,如果不进行仔细的规划,文件没有分类管理,目录结构不清晰,对网站的上传维护、内容扩充和移植都有重要的影响。因此,建立目录结构时也要仔细安排,下面提几条原则性建议:

1. 根目录下的文件数量要尽可能少

一个有规划的网站不可能将所有的文件都在一个根目录下,因为这样做会给网站维护带来如下问题,首先,文件管理非常混乱,使我们不清楚哪些文件需要编辑和更新,哪些无用的文件可以删除,以及哪些是相互关联的文件,严重影响工作效率。其次,根目录文件太多将影响到网站上传的速度。服务器一般都会为根目录建立一个文件索引,如果将所有文件都放在根目录下,那么即使只上传一个文件,服务器也需要将所有文件再检索一遍,并建立新的索引文件,那么文件量越大,等待时间也就越长。所以,建议不要将所有文件都存放在根目录下。

2. 按栏目内容建立子目录

按栏目建立子目录具有实用、快捷、易记忆的特点。例如:“网上书店”电子商务网站可以根据书籍的类别分别建立相应的目录;需要经常更新的可以建立独立的子目录;程序文件一般都存放在特定目录里,例如,CGI 程序放在 cgi-bin 目录中;所有提供下载的内容也最好放在一个目录下,便于维护管理。

3. 根据栏目建立独立的 Images 目录

系统默认情况下,每个网站根目录下有一个默认的 Images 目录,如果将所有图片都存放在根目录里很不方便,比如栏目更新时或删除栏目时,图片的处理相当麻烦,好的处理是为每个主栏目建立一个独立 Images 目录。

4. 其他注意事项

(1) 目录的层次一般不要超过三层,这样便于维护。

(2) 目录命名不要使用中文,中文目录名可能对网址的正确显示造成干扰。

(3) 不要使用过长的目录名,太长的名字不便于记忆。

(4) 目录名一般使用简单的英文单词或者汉语拼音及其缩写形式。

网站的链接结构是指页面之间相互链接的拓扑结构。它建立在目录结构基础之上,但可以跨越目录。一般网站的链接结构有两种基本方式:

- 树状链接结构。类似 DOS 的目录结构,首页链接指向一级页面,一级页面链接指向二级页面。浏览时,一级级进入,一级级退出,条理比较清晰,浏览者可明确知道自己在什么位置,但是浏览效率低,要从一个栏目下的子页面转到另一个栏目下的子页面,必须回到首页才能进行。

- 星状链接结构。每个页面相互之间都建立有链接,这样浏览比较方便,随时可以到达自己喜欢的页面。但是由于链接太多,容易使浏览者迷路,搞不清自己在什么位置,看了多少内容。

因此,在实际的网站设计中,总是将这两种结构混合起来使用。总的目标是希望浏览者既可以方便快速地找到自己需要的页面,又可以清楚地知道自己的位置。关于链接结构的设计,在实际的网页制作中是非常重要的一环,采用什么样的链接结构直接影响到版面的布局。

8.4.3　版面布局

网站设计有点像传统的报刊杂志一样,要对整个版面进行设计,也就是布局。可是不能把网页看作报纸或者杂志来进行排版布局,因为印刷和网络是不一样的。传统的布局排版并不适于网络,因为传统的印刷布局,几乎想要什么样的平面效果都能很好地达到,但在网络上设计就很困难,尽管很多的效果都能通过一些 JavaScript 或是高级的 CSS 技巧来实现,但结果是使源代码很臃肿,网页载入很慢。

网站版面指的是使用浏览器看到的一个完整的页面(可以包含框架和层)。因为显示器分辨率不同,所以同一个页面的大小可能出现 640×480 像素、800×600 像素、1024×768 像素等不同情况。布局就是以最适合浏览的方式将图片和文字排放在页面的不同位置。设计版面时要把文字、图片、空白当作一个整体来看,采用平面分割方式,调动全部面积来构建整个版面。常见的页面布局形式有以下几种。

1. "T"型布局

所谓"T"型布局,就是指页面顶部为横条(网站标志＋广告条),下方左半部分为主菜单,右半部分显示内容的布局。因为看上去像英文字母"T",因而称为"T"型布局。这是网页设计中使用最广泛的一种布局方式。这种布局的优点是页面结构清晰,主次分明,强调秩序,能给人以稳重、可信赖的感觉,是初学者最容易上手的布局方法。缺点是呆板,如果细节和色彩搭配上不注意,很容易让人"看之无味"。

2. "口"字形布局

这是一个形象的说法,就是页面的上下各有一个广告条,左侧是主菜单,右侧放置友情链接等内容,中间是主要内容。这种布局的优点是充分利用版面,信息量大,国内许多门户网站如网易、搜狐等采用的就是这种布局。缺点就是页面拥挤、不够灵活。

3. POP 布局

POP 引自广告术语,就是指页面布局像一张宣传海报,以一张精美图片作为页面的设计中心,在适当位置放置主菜单。这种布局方式不讲究上下左右对称,但要平衡和有韵律,能达到强调、动感、高注目性的效果,常用于时尚类网站。其优点是漂亮、吸引人,缺点就是速度慢。

4. 对比性布局

所谓对比,不仅是利用色彩、色调等技巧来表现,在内容上也可涉及古与今、新与旧、贫与富等的对比。优点是视觉冲击力强,缺点是将两部分有机的结合比较困难。一般用于设计型网站。

8.5 网站策划书撰写要点

一个网站成功与否与建站前的网站规划有着极为重要的关系。在建立网站前应明确建设网站的目的,确定网站的功能,确定网站规模、投入费用,进行必要的市场分析等。只有详细的规划,才能避免在网站建设中出现很多问题,使网站建设能顺利进行。

经过充分调研,确定了网站建设目标和任务后,就可以动手撰写网站策划书了。此时,应该从访问者的角度来考虑问题,而不是从开发者的角度,因为决定网站是否成功的是访问者。网站策划书应该尽可能地涵盖网站规划中的各个方面,写作要科学、认真、实事求是。根据不同的需要和侧重点,网站的功能和内容会有一定差别,但网站规划的基本步骤是类似的,一般来说,一份完整的网站规划书应该包括下列内容。

8.5.1 建立网站的目的和功能定位

这是网站规划中的核心问题,需要非常明确和具体。建立网站的目的也就是一个网站的目标定位问题,网站的功能和内容,以及各种网站推广策略都是为了实现网站的预期目的。建立网站可以有多种目的,例如,从事直接网上销售、作为产品信息发布工具、信息中介服务、教育和培训等,不同类型的网站其表达方式和实现手段是不一样的。

(1) 明确建站的目的,主要包括形象宣传、业务经营和电子商务、企业自身需要的业务延伸等。

(2) 根据建站目的和定位,确定网站的一般功能,并根据实际需求,确定网站类型:包括企业型网站、应用型网站、商业型网站(行业型网站)、电子商务型网站;企业网站又分为企业形象型、产品宣传型、网上营销型、客户服务型、电子商务型等。

(3) 分析企业内部网的建设情况,开发时考虑网站的可扩展性。为网站设计好内部入口和外部入口,用于优化网络速度。

8.5.2 网站的需求分析和规划

在进行网站建设前,要先进行规划与分析,确定网站所属的行业、阶段性用户数量、面向客户群体、所要实现的功能。这些问题影响着网站建设各个后续阶段的进行,决定着设备及运行环境、技术手段、实现方法和推广方式等一系列关键问题的制定,最终决定了整个项目的成败。

(1) 调查相关行业的市场行情,结合本企业的相关特点进行分析,研究该企业在Internet上开展业务的可行性。因为它们之间有所联系,要根据市场分析得来的情况对网站进行定位和目标调整。与此同时,还要进行网站服务对象分析。

(2) 所谓知己知彼,百战不殆。了解同行的网站情况特点,为网站的制作方向准确定位,使自己的产品更有竞争力。

(3) 分析公司自身条件、公司概况、市场优势,利用网站可以提升哪些竞争力,估算建设网站的能力(费用、技术、人力等),并做好公司的可投入资源分析和最终的利润回报分析。

例如,对于一个提供视频娱乐服务的网站,要求服务器有更大的内存空间和存储空间、更高的网络出口带宽和更多的投资预算,而视频节目的格式决定了操作系统的选择和播放网页的设计技术,客户数量的增加要求更高的服务器及网络性能和更先进的技术手段,造成了更大的资金需求。如果盲目决策,或者脱离实际,没有针对性地进行网站建设,必将导致失败。

8.5.3　域名和网站名称的选择

一个好的域名对网络营销的成功具有重要意义,网站名称同域名一样具有重要意义,域名和网站名称应该在网站规划阶段就作为重要内容来考虑。有些网站发布一段时间之后才发现域名或者网站名称不太合适,需要重新更改,不仅非常麻烦,而且前期的推广工作几乎没有任何价值,同时对自己网站形象也造成一定的伤害。

在申请域名的过程中,应该注意以下几点:

(1) 行动要快,以免被别人抢注。一旦确定了自己的域名后,一定要尽快向有关机构申请注册,因为在全世界范围内有可能其他企业也打算申请同样的域名。

(2) 选择自己企业的名称、标志、品牌、商标名作为域名。企业经过长期的经营和宣传,自身的商业标识具有很高的价值和影响力,利用这些标识为域名,一方面,保护了自己在传统领域的经营成果;另一方面,也有利于网站的宣传和推广。

(3) 注意挑选域名的艺术。尽量使用易于输入、易于记忆、有人文背景、有重大意义的词汇。选择域名也要符合人们的使用习惯,不要使用太长的、容易误解的或容易拼写错误的名称作为域名。

(4) 可以申请多个域名。对于大型企业,具有商业价值的标识较多,应该利用这些标识多注册几个域名,以免被别人抢注而造成商业利益损失。

8.5.4　网站的主要功能

在确定了网站目标和名称之后,就要设计网站的功能,网站功能是战术性的,是为了实现网站的目标。网站的功能是为用户提供服务的基本表现形式。一般来说,一个网站有几个主要的功能模块,这些模块体现了一个网站的核心价值。

8.5.5　网站技术解决方案

在这个环节要考虑网站的建立、设备的选择及技术,还有网站的安全与维护方面的问题。

1. 建立网站

通过估算网站的访问量,确定网站的发布方式,是自购服务器,服务器托管,还是租用虚拟主机。若流量较小,就应选租用虚拟主机;若流量和数据量大,就应选自购服务器,但维护量也大。

在 Internet 上建立网站目前通常选用虚拟主机或服务器托管,可以根据具体情况选择其中一种。

(1) 虚拟主机

虚拟主机就是通过租用 ISP(Internet Service Provider)服务商的硬盘空间来建立自己的 Web 站点,它共享了服务商的 Web 服务器和网络资源。这种方式成本低廉,但是 ISP 的一台服务器往往会虚拟出很多个主机名称,会影响访问速度。另外,虚拟主机情况下,网页的设计和功能受制于托管服务器的软件环境。以发布静态内容为主的中小企业和个人采用这种方式居多,使用到数据库等技术的商业网站则不适合这种方式。

(2) 服务器托管

企业自行购买、配置、安装 Web 服务器后,托管在数据通信部门、ISP 等服务提供商处,共享服务商的网络资源。企业需要根据所获得的网络出口带宽支付相对便宜的托管费。这种方式下,企业自行设计网站系统,通过远程维护的方式管理自己的 Web 系统。它的最大好处利用了接入服务商的宽带网络出口,节省了自己租用宽带线路的昂贵费用,并拥有网站的支配权,因而这种方式比较普遍。

2. 设备选择

这一阶段主要是选择 Web 及数据库服务器主机、网络接入设备等。服务器主机接入 Internet 的方式确定后,就可以根据需求分析的要求购买、配置服务器。服务器有不同厂商和不同型号之别,有 PC 级服务器,也有企业级的服务器,还有更高级的小型机,主要根据业务需求、投资额度、规划中的数据传输量和访问人数来加以确定。

在虚拟主机方式下,企业不需要购买服务器和网络设备。在服务器托管方式下,企业只需要购买服务器,不需要购买网络设备。为了降低投资,企业一般尽量租用最少的托管机位,往往将 Web 服务器、数据库服务器甚至邮件服务器都一并安装在一个主机上。在租用 DDN 专线方式下,企业的设备投资较大,不仅要购买服务器主机,而且要购买路由器、数字滤波器等网络接入设备,还要购买合适的网络安全产品。这种方式下,企业开展的电子商务活动规模较大,需要多台服务器主机来完成,需要解决企业内部网与外联网的连接问题,因此,需要购买一定的组网设备。

3. 技术选择

(1) 网络操作系统:可以选用 UNIX、Linux、Windows 2003/Windows 2002 等,分析投入成本、功能、开发难度、稳定性和安全性等。

(2) 企业解决方案:可以选用 IBM、HP 等公司提供的企业上网方案、电子商务解决方案,也可以自行开发系统。

(3) 程序开发语言:网页设计语言可以选用 ASP.NET、ASP、JSP、CGI 等。除了网页程序还要考虑数据库程序,若考虑价格,可考虑使用免费的数据库 MySQL,中型的项目可以考虑 MSSQL。

4．网站的安全与维护

网站安全性措施的技术选择包括防入侵、病毒、泄密等。如果使用的是自购服务器，要再考虑机房的消防安全。同时要做好网站的长期维护、升级的计划，做软件不可能一下就做得很好，有一个不断升级的过程。

8.5.6 网站内容规划

不同类别的网站，在内容方面的差别很大，因此，网站内容规划没有固定的格式，需根据不同的网站类型来制订。

（1）根据网站的目的确定网站的结构导航。

一般企业型网站应包括：公司简介、企业动态、产品介绍、客户服务、联系方式、网上订单、在线留言等基本内容。更多内容如：常见问题、营销网络、招贤纳士、在线论坛、英文版等。

（2）根据网站的目的及内容确定网站整合功能。

如 Flash 引导页、会员系统、网上购物系统、在线支付、问卷调查系统、在线支付、信息搜索查询系统、流量统计系统等。

（3）电子商务类网站要提供会员注册、详细的商品服务信息、信息搜索查询、订单确认、支付方法、个人信息保密措施、在线帮助等信息。

（4）如果网站栏目比较多，应该请专人负责网站的新闻内容。比如综合门户类网站则将不同的内容划分为许多独立的或有关联的频道，有时一个频道的内容就相当于一个独立网站的功能。注意：网站内容是网站吸引浏览者最主要的因素，无内容或不实用的信息不会吸引匆匆浏览的访客。在网站发布后调查人们对网站内容的满意度，了解客户对网站内容的需求，以及时调整网站内容并更新信息。

8.5.7 网站测试

在网站设计完成之后，应该进行一系列的测试，当一切测试正常之后，才能正式发布。测试过程可以大致分为功能测试和集成测试两个阶段。功能测试就是测试网页的功能和包含的超链接是否正确；集成测试是在完成功能测试后将网站各个模块组装起来，进行综合测试。网站的测试内容主要包括系统性能和安全性方面的测试、程序的功能测试、网页兼容性和实用性测试以及其他测试需要的测试等，具体介绍如下：

1．超链接测试

网页间的转移是通过超链接进行的，因此，要保证网站上每一个链接都能指向正确有效的位置。网站从开发服务器发布到正式站点后，由于环境的变化，经常出现超链接定义错误，在测试中需要重点关注。

2．响应时间测试

响应时间指从用户发出对网页的请求，到该网页所包含的程序都执行完毕、所包含的超媒体元素都下载完毕的这段时间。在同样的网络条件下，响应时间偏长的网页是不利于电子商务活动的，这往往是由于网页在平面设计过程中包含了大量的图像信息，或者脚本程序设计不合理。测试过程需要尽量找出这类网页,一般是对关键部分的网页进行响应时间测试。

3. 网页兼容性测试

网页的兼容性也就是对用户使用环境的兼容性,包括浏览器的兼容性和显示模式的兼容性。浏览器的兼容性指对 IE、Firefox、Netscape 等主流浏览器以及同一浏览器的多个常用版本的兼容性,显示模式的兼容性指对显示设备工作的分辨率等不同模式的兼容性。测试中需要针对上述各种情况模拟用户的使用环境,检查网页运行后是否存在运行错误或者效果失常等问题。

4. 多用户并发测试

对于存在业务集中受理情况、实时性要求高的网站需要模拟多用户同时在线的情况测试网站运行性能的负载能力,看看能否正常运作。

测试通过的系统还要经过一定时期的试运行,期间可能会新发现一些潜在的错误,或者需要改进的环节,经过不断完善后才能正式进入商业运行。

8.5.8　网站发布

网站发布的实际工作中需要注意几方面的问题:首先,要保证网站的运行环境一致、正确,特别是要正确设置 Web 服务器的属性及控制、性能、权限等参数。其次,要保证发布后每个超链接都要指向正确的文档位置。网站中超链接的数目往往是很多的,开发阶段容易使用绝对路径而没有察觉,网页工具使用过程中有会改变链接路径的表示方式,这就经常造成发布后的网站出现链接错误,影响了网站的运行。另外,在很多人协同开发网站时,特别要注意版本控制的问题。

从开发位置向远程站点发布网页一般是使用 FTP 协议进行文件传输的,上传网页和网站所需的文件,也可以下载网页以供修改。FrontPage、Dreamweaver 等流行网页设计工具都提供网页发布功能,配置好 FTP 服务器访问参数,就可以操作文件的上传和下载。

8.5.9　网站推广

网站推广活动一般发生在网站正式发布之后,当然也不排除一些网站在筹备期间就开始宣传的可能。网站推广是网络营销的主要内容,可以说,大部分的网络营销活动都是为了网站推广的需要,例如,发布新闻、搜索引擎登记、交换链接、网络广告等。因此,在网站规划阶段就应该对将来的推广活动有明确的认识和计划,而不是等网站建成之后才考虑采取什么样的推广手段。由此也可以看出,网站规划并不仅仅是为了网站建设的需要,而是整个网络营销活动的需要。

8.5.10　网站维护

网站正式开通运行后,就处于一种全天候、跨地域的工作状态下,供分布于世界各地的客户使用。因此,网站的运行状态至关重要。可以说,网站建成之日就是网站维护开始之时。网站维护应注意以下几点：

(1) 服务器及相关软硬件的维护,对可能出现的问题进行评估,制定响应时间,保证系统的运行畅顺。

(2) 数据库维护,有效地利用数据是网站维护的重要内容。

(3) 制定内容的更新、调整计划。

(4) 制定相关网站维护的规定,使网站维护制度化、规范化。

(5) 特别注意网站的维护时间,尽量在深夜等用户最少的时候进行维护,尽可能降低因维护而对用户的资料造成损失。

根据上述可知,网站的维护一定要设置专职的管理及维护人员,并制定严格的管理制度,明确日常的管理及维护工作,并要求有完整的维护工作记录。网站维护工作主要包括以下内容。

1. 例行的状态监视

每天定期检查网站的运行状况,看看有无链接错误、运行缓慢,甚至程序执行错误等异常情况。及时收集电子信箱、留言簿、BBS 论坛等栏目的反馈信息,了解客户在使用过程中遇到了什么困难。对于发现的问题要予以解决或及时报告技术部门。

2. 日常的技术管理

监视服务器、网络设备的工作情况,检查服务器及相关软硬件工作是否正常;网站技术维护要制度化、规范化,网站内容的更新、调整事先要有规划;网络管理软件、安全管理软件的配置和工作参数要整理存档。

3. 对网站安全性进行监督

经常检查服务器的工作日志,发现是否有非法入侵或者遭受黑客攻击,及时安装操作系统的各种补丁软件和升级系统软件,消除系统存在的漏洞和安全隐患。

4. 数据及系统备份

网站应该为用户提供持续、稳定的服务,不能因为服务器出现故障而终止一段时间的服务,否则将损害网站的形象。同时,网站每人发布的商业信息、交易过程中产生的数据都极为重要,应该加以保护。因此,需要定期对网站上的数据、网页、程序和应用软件进行备份。数据的备份主要是对数据库里的数据进行备份,可以使用 Backup、Output 等方法将数据导出,一旦服务器发生灾难,就用还原、导入、附加数据库等方法恢复数据。为了在遭遇系统崩溃时以最短的时间迅速恢复网站正常运行,可以采用双机备份技术,保证两台服务器里的网页、程序、数据、环境设置等完全一致,当主服务器瘫痪时,马上启用备份服务器。

8.5.11 网站财务预算

除了上述各种技术解决方案、内容、功能、推广、测试等内容应该在网站规划书中详细说明之外,网站建设和推广的财务预算也是重要内容,网站建设和推广在很大程度上受到财务预算的制约,所有的规划都只能在财务许可的范围之内。财务预算应按照网站的开发周期,包含网站所有的费用明细清单。

以上为网站策划书中应该体现的主要内容,网站开发者可根据不同的建站需求调整策划书中的内容。

习题 8

8-1 举例说明有哪些常见的网站类型。

8-2 网站内容设计应遵守哪些原则？

8-3 网站界面规划时应该考虑哪些问题？

8-4 请分析编写网站规划书应包括哪些内容？

第 9 章　网站的设计

本章知识点

- 定位网站的 CI 形象
- 网站的整体风格和创意设计
- 网站功能设计
- 网站结构设计
- 网站设计流程

本章学习目标

- 分析定位网站的 CI 形象
- 掌握网站的整体风格和创意设计的方法
- 理解网站功能设计
- 理解网站结构设计
- 掌握网站设计流程

9.1　定位网站的 CI 形象

　　所谓 CI,是借用的广告术语。CI 是英文 Corporate Identity 的缩写,意思是通过视觉来统一企业的形象。现实生活中的 CI 策划比比皆是,杰出的例子如可口可乐公司,全球统一的标志、色彩和产品包装,给我们的印象极为深刻。更多的例子如 SONY、三菱、麦当劳等。

　　一个杰出的网站,和实体公司一样,也需要整体的形象包装和设计。准确的、有创意的CI 设计,对网站的宣传推广有事半功倍的效果。在您的网站主题和名称定下来之后,需要思考的就是网站的 CI 形象。

　　网站给人的第一印象来自视觉冲击,确定网站的标准色彩是相当重要的一步。不同的色彩搭配产生不同的效果,并可能影响到访问者的情绪。

　　"标准色彩"是指能体现网站形象和延伸内涵的色彩。举个实际的例子就明白了:IBM的深蓝色,肯德基的红色条型,Windows 视窗标志上的红蓝黄绿色块,都使我们觉得很贴切,很和谐。如果将 IBM 改用绿色或金黄色,我们会有什么感觉?

　　一般来说,一个网站的标准色彩不超过 3 种,太多则让人眼花缭乱。标准色彩要用于网站的标志、标题、主菜单和主色块。给人以整体统一的感觉。至于其他色彩也可以使用,只是作为点缀和衬托,绝不能喧宾夺主。

　　一般来说,适合于网页标准色的颜色有:蓝色、黄/橙色、黑/灰/白色三大系列色。

和标准色彩一样,标准字体是指用于标志、标题、主菜单的特有字体。一般网页默认的字体是宋体。为了体现站点的"与众不同"和特有风格,可以根据需要选择一些特别字体。例如,为了体现专业可以使用粗仿宋体,体现设计精美可以用广告体,体现亲切随意可以用手写体等。当然这些都是笔者的个人看法,你可以根据自己网站所表达的内涵,选择更贴切的字体。目前常见的中文字体有二三十种,常见的英文字体有近百种,网络上还有许多专用英文艺术字体下载,要寻找一款满意的字体并不算困难。

CI形象可以说是网站的精神、网站的目标,用一句话甚至一个词来高度概括,类似实际生活中的广告金句。例如:鹊巢的"味道好极了";麦斯威尔的"好东西和好朋友一起分享";Intel的"给你 个奔腾的心"。

综上所述,标志、色彩、字体、标语,是一个网站树立 CI 形象的关键,确切的说是网站的表面文章,设计并完成这几步,你的网站将脱胎换骨,整体形象有一个提升。(注意:我们只是以平面静态来设计 CI,还没有引入声音、三维立体等因素。)

9.1.1 设计网站的标志

首先你需要设计制作一个网站的标志(Logo)。就如同商标一样,Logo 是你站点特色和内涵的集中体现,看见 Logo 就让大家联想起你的站点。注意:这里的 Logo 不是指 88×31 的小图标 Banner,而是网站的标志。

标志可以是中文、英文字母,可以是符号、图案,可以是动物或者人物等。比如:soim 是用 soim 的英文作为标志,新浪用字母"sina"+"眼睛"作为标志。标志的设计创意来自你网站的名称和内容。

1. Logo 定义

Logo 是表明特征的符号,主要由企业品牌的标准名称、标准图形(字体图形和形象图形)、标准色彩,按照标准规范组合构成。

企业识别标志从语义指向、印象感染、色彩冲击、协同方式 4 个方面,表现和展示企业生产经营独特的发展战略和行为方式,开发和创造独特的产品品牌,塑造和传播良好形象。

2. Logo 的职能

作为独特的传媒符号,Logo 一直是传播特殊信心的视觉文化语言。现代意念的抽象纹样、简单字表等都是在实现表示被标识体的目的,即通过对标识的识别、区别、引发联想、增强记忆,促进被表示体与其对象的沟通与交流,从而树立并保持对被标识体的认知、认同,达到提高认知度、美誉度的效果。

图 9-1

具有传媒特性的 Logo,为了在最有效的空间内实现所有的视觉识别功能,一般是通过特示图及文字的组合达到对被标识体的出示、说明、沟通、交流从而引导观众的兴趣,达到增强美誉、记忆等目的,如图 9-1 所示。

一个 Logo 在网站中的作用主要体现在以下几个方面。

(1) 树立形象:一个网站的 Logo 可以说就是这个网站的形象,它代表网站的整体风格,特别是对于企业网站来说,Logo 就是一个品牌的形象,所以 Logo 对树立一个网站的形象起着至关重要的作用。

（2）传递信息：一个网站的信息，绝大多数都需要通过 Logo 来传递。如常见的网站链接，一个网站被连接到另一个网站，此时这个网站的信息都需要通过被链接的 Logo 来达到让访问者了解的目的。

（3）品牌拓展：在网络中，Logo 就是一个完整的形象代表，一切主题活动都要围绕这个形象来进行，如在设计制作一些宣传页面时，都要将 Logo 放置到显著的位置。另外，Logo 也是网络广告中不可缺少的构成要素。

3. Logo 的设计原则

Logo 的设计需要从很多方面来分析，它涉及图形、文字、颜色、排版等各个方面的内容。

首先是 Logo 的构成，一般由网站的英文名称、网站的网址、网站的标志图形、网站的主题描述构成。对于中文网站的 Logo 来说，它还会包括网站的中文名称。但这几个构成要素并不一定同时存在，而是适当的组合在一起，如图 9-1 所示。

其次是 Logo 的形体都会有一些真实形体作参考，例如，一些足球网站可能在网站的 Logo 中放置一个足球，或者是跟名字有关系的实体，如狐狸、猫爪子等。

接着是颜色，网站 Logo 的颜色选择中应尽量少用颜色，一般不超过 3 种，一方面减少图像大小，另一方面避免给人过于花哨的感觉，并且尽量要选与网站的整体相关联的颜色。

然后是字体，网站 Logo 设计中的字体相当重要，很多要传递的信息都是通过文字来表达的。一般地，字体和 Logo 图像都得保持风格的一致性，因此在字体大小写的选择上也要遵循以下原则：

（1）选择大写给人以整齐的感觉。

（2）选择小写主要适用其起伏性。

（3）大小写混用时，要注意整齐性。

最后是图案和版式，Logo 特示图属于表象符号，独特、醒目；图本身易被区分、记忆；通过隐喻、联想、概括、抽象等绘画表现方法表现被标识体，对其理念的表达概括而形象。如果能设计出相应的吉祥物，能使公司形象更加耳熟能详，借以强化沟通和理解。

4. Logo 的设计技巧

设计 Logo 应该遵循访问者的认识规律，突出主题、引人注目。按照从上到下、从左到右、从小到大、从远到近的视觉习惯以及思维习惯、审美能力和审美心理等要求，力争使 Logo 做到主题突出，引人注目。在实际的设计制作中，一般通过以下几个方面来把握：

（1）在版式设计上，要保持视觉平衡、讲究线条的流畅，使得整体形状美观大方。

（2）通过运用反差、对比或边框等，使要表达的主题得到突出。

（3）选择恰当的字体，使字体在符合整体风格的基础上具有独特性。

（4）版式的设计要注意留白，给访问者提供想象空间。

合理地运用色彩。因为访问者对色彩的反应比对形状的反映更为敏锐和直接，更能激发情感，在色彩选择方面，基色要相对稳定，要强调色彩的记忆感和感情规律，合理使用色彩的对比关系，因为色彩的对比能产生强烈的视觉效果，而色彩的调和则构成空间层次。

5. Logo 的实例制作

下面，详细介绍"创意 100FUN"的详细制作步骤，主要使用的工具是 Adobe Photoshop CS4。

(1) 选择"文件"→"新建"命令,建立一副 400×20 像素的图片文件,如图 9-2 所示。

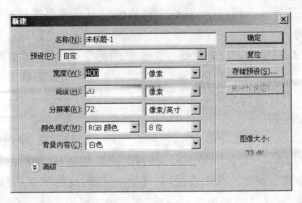

图 9-2

(2) 选择"滤镜"→"杂色"→"添加杂色"命令,参数设置及应用效果如图 9-3 所示。

(3) 选择"图像"→"调整"→"阈值"命令,在弹出的对话框中将"阈值色阶"设置为 229,如图 9-4 所示。

(4) 双击背景图层,弹出如图 9-5 所示的"新建图层"对话框,直接单击"确定"按钮,将背景层转化成普通图层——图层 0。

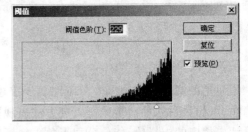

图 9-4

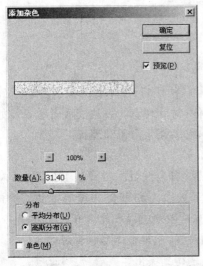

图 9-3

图 9-5

(5) 选择"图像"→"图像大小"命令,将图像大小的"宽度"和"高度"均设为 400,如图 9-6 所示,效果如图9-7 所示。

(6) 选择"图层"→"复制图层"命令,打开如图 9-8 所示对话框,直接单击"确定"按钮,得到"图层 0 副本"图层,如图 9-9 所示。

(7) 选择"编辑"→"变换"→"旋转 90 度(顺时针)"命令,效果如图 9-10 所示。

(8) 在图层面板中将"图层 0 副本"的混合模式设为"正片叠底",选择"图层"→"合并图层"命令,参数设置如图 9-11 所示。

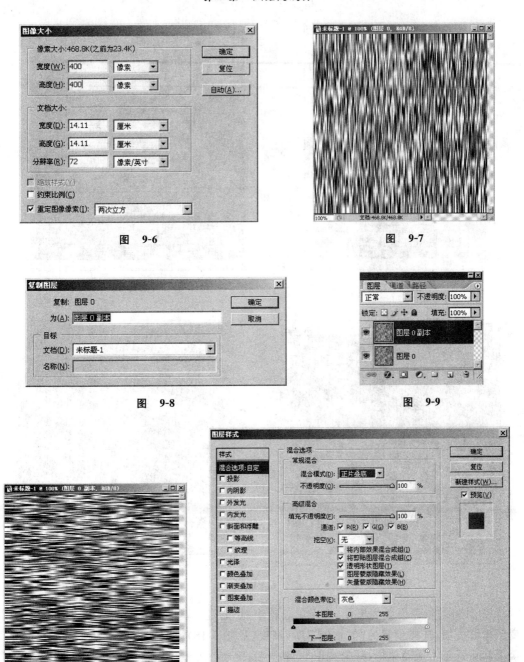

图 9-6

图 9-7

图 9-8

图 9-9

图 9-10

图 9-11

(9) 选择"滤镜"→"扭曲"→"切变"命令,弹出"切变"对话框,参数设置如图 9-12 所示,应用效果如图 9-13 所示。

(10) 选择"图像"→"旋转画布"→"90 度(顺时针)"命令旋转画布,按 Ctrl+F 键再使用一次"切变滤镜",效果如图 9-14 所示。

(11) 选择"图像"→"调整"→"反相"命令,产生如图 9-15 所示的效果。

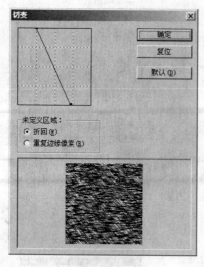

图 9-12

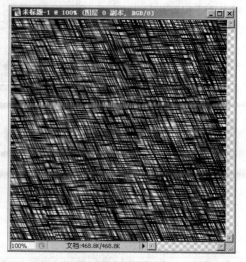

图 9-13

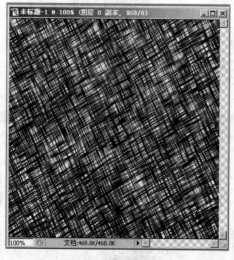

图 9-14

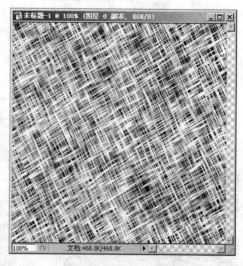

图 9-15

（12）将前景色设置为黑色，选择工具箱中的"渐变工具"，选择"线性渐变"模式，单击渐变编辑器按钮，选择预置的"前景到透明"渐变（见图 9-16），按住 Shift 键在图像中分别从上至下和从下至上拖动鼠标，效果如图 9-17 所示。

（13）选择"滤镜"→"扭曲"→"极坐标"命令，弹出"极坐标"对话框，在其中选择"平面坐标到极坐标"，如图 9-18 所示。应用效果如图 9-19 所示。

（14）选择"图像"→"调整"→"色相/饱和度"命令，参数设置如图 9-20 所示，应用效果如图 9-21 所示。

（15）从工具箱中选择文字工具，输入"创意"2 字，字体隶书，颜色为白色，按下 Ctrl＋T 键使用自由变换工具把文字拉放，如图 9-22 所示。

（16）在图层面板中双击文字图层，在弹出的"图层样式"对话框中选择"描边"选项，参数设置如图 9-23 所示。

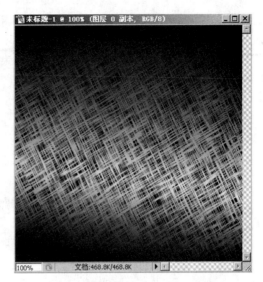

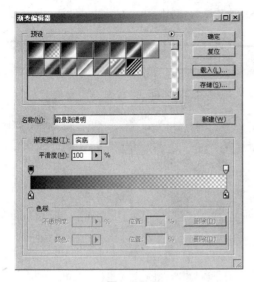

图　9-16

图　9-17

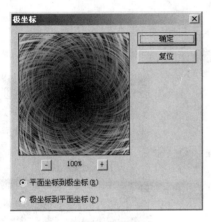

图　9-18

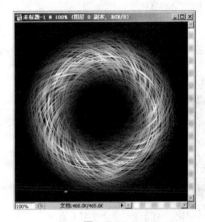

图　9-19

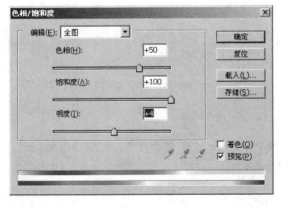

图　9-20

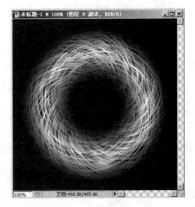

图　9-21

　　　图　9-22

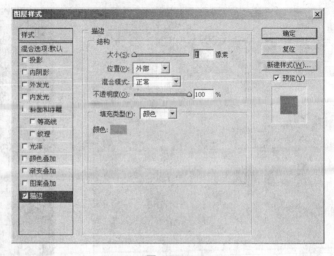
　　　　　　　　图　9-23

　　（17）再从工具箱中选择文字，输入"100fun"几个字，如图 9-24 所示，并且从样式面板中选择相应的样式，如图 9-25 所示。
　　（18）使用"编辑"、"自由变换"对相应的图层进行一定的大小和位置变换，效果如图 9-26 所示，然后选择"图层"→"合并可见图层"命令。

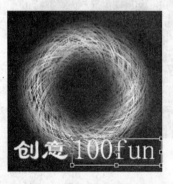
　　　图　9-24

　　　图　9-25

　　　图　9-26

　　（19）选择"文件"→"存储"命令，在弹出的"存储"对话框中，选择存储位置后单击"存储"按钮。至此，一个 Logo 就制作完成了。

9.1.2　设计网站 Banner

　　网站广告设计跟传统广告设计有着很多的相似性，它们都重在传达一定的形象与信息，但由于网络本身的限制以及浏览习惯的不同，网站 Banner 还有许多不同的特点。网站广告一般要求简单醒目，除了要在有限的空间内表达一定的形象与信息外，还得兼顾美观与协调。

1．Banner 的设计准则
　　网页上的广告条主要有一个特点要突出，就是醒目，能吸引人的注意力。网站广告设计需遵循以下一些基本准则。

只要 Banner 设计得非常漂亮,让人看上去很舒服,即使不是人们想要看的东西,或者是一些他们可看不看的东西,他们也会很有兴趣去看。

在设计网页 Banner 中使用文字时,一定要文字清晰、字体合适,不要太小也不要过大。字体作为设计中非常重要的一环,应弄清字体的应用场合。一般情况下无论字体还是图像都得保持风格的一致性,因此在字体大小写的选择上也要遵循这个规律。字体放置在哪里没有固定的格式,要注意整体协调均匀。

广告中的文字一般从左到右、从上到下排列,这样便于阅读,因为人们习惯从左到右、从上到下看。

文字与广告条的边缘之间要留有一定的空间,这样才能使它们更明显,避免广告条中布满密密麻麻的文字。

在广告词中最好告知浏览者单击后将能看到什么,可用一些较有诱惑力的语言激起浏览者的欲望。

广告条要与整个网页相协调,同时又要突出、醒目。

2. Banner 的实例制作

(1)准备一些关于商品的素材图片,这类型的图片在网上比较多,像素不必太高,但网上找到的图片都有一个白色部分影响创作效果(见图 9-27),因此要把白色部分去掉。

图 9-27

(2)这里我们使用 Photoshop 软件来解决。首先在 Photoshop 中打开这些图片,如图 9-28 所示。之后复制背景图层,如图 9-29 所示。

(3)把已经锁定的背景图层删除掉,如图 9-30 所示。

(4)删除掉背景图层后使用魔棒工具把图片的白色部分选中(见图 9-31),并按下 Delete 键,这样背景色就变成透明了,如图 9-32 所示。

(5)按下 Ctrl+D 键取消选择,并把图片保存为 gif 图片。

(6)其他图片如法炮制,把白色背景设置成透明,如图 9-33 所示。

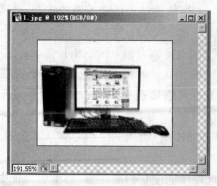

图 9-28

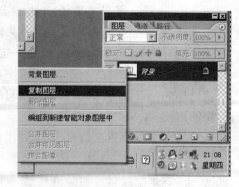

图 9-29

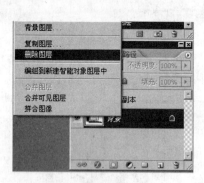

图 9-30

图 9-31

图 9-32

图 9-33

（7）现在开始制做广告 Banner，首先打开 Fireworks 软件，并新建一个 468×60 像素的文档，画布颜色为白色，具体参数设置如图 9-34 所示。

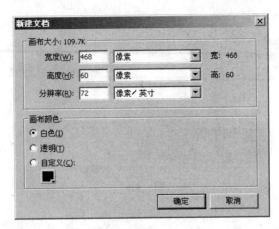

图 9-34

(8) 使用圆形工具在画布上画一个大圆,颜色设置成绿色,使用黑色指针放到如图 9-35 所示位置。

图 9-35

(9) 再画一个小圆,设置的颜色稍微深色一点,使用黑色指针放置到如图 9-36 所示位置。

图 9-36

(10) 把"层 1"设置成共享层,如图 9-37 所示。并新建"层 2",如图 9-38 所示。

图 9-37

图 9-38

(11) 选定"层 2",使用文字工具在小圆上输入一个白色的"最"字,之后调整一下字的大小,效果如图 9-39 所示。(注意:要选定"层 2"后再继续下面的操作)

(12) 使用和(11)一样的方法输入一个"新"字,并调整字体大小,如图 9-40 所示。

(13) 选定"新"字,选择"修改"→"变形"→"任意变形"命令,把"新"字修改得修长点,效果如图 9-41 所示。

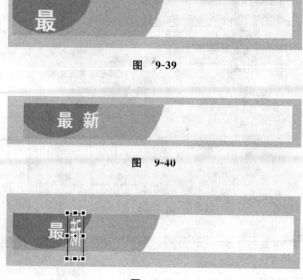

图 9-39

图 9-40

图 9-41

(14) 选择"文件"→"导入"命令,导入一台主机的图片,调整到合适大小,如图 9-42 所示。对图片应用一个滤镜,即选择"阴影与光晕"→"发光"命令,具体参数设置如图 9-43 所示。

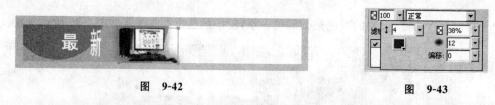

图 9-42   图 9-43

(15) 使用文字工具输入文字"台式电脑",如图 9-44 所示。

(16) 打开帧面板,把帧延时调整到 100,如图 9-45 所示,把第一帧拖放到面板下面的 ⊞ 按钮上,复制一帧。

图 9-44   图 9-45

(17) 选中第二帧,把台式机的图片和文字删除,按上述的方法导入其他图片和文字做好另外两张图片,分别如图 9-46 和图 9-47 所示。

图 9-46

图   9-47

（18）继续复制帧，把原来的图片和文字删除，输入"尽在 www. shop. com"，按实际情况调整文字大小和颜色，如图 9-48 所示。

图   9-48

（19）为文字添加一个滤镜，在文字面板中单击"＋"→"模糊"→"缩放模糊"命令，参数设置如图 9-49 所示。效果如图 9-50 所示。

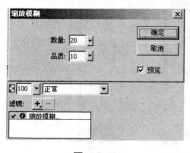

图   9-49

图   9-50

（20）再复制一帧，选中文字，按下"-"把文字的滤镜删除。

（21）至此，设计基本完成，选择"文件"→"导出向导"命令，导出图形，按默认方式进行导出，导出的参数设置如图 9-51 至图 9-53 所示。

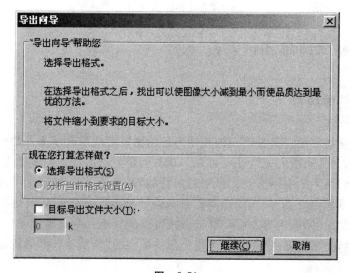

图   9-51

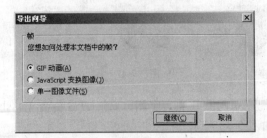

图　9-52

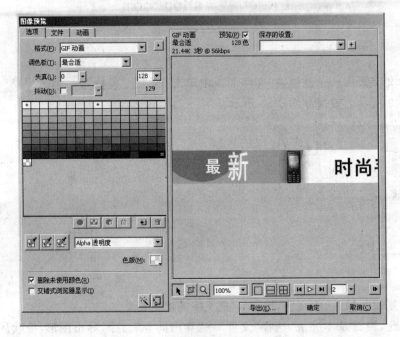

图　9-53

9.2　网站的整体风格和创意设计

9.2.1　网站的整体风格

　　风格(style)是抽象的。是指站点的整体形象给浏览者的综合感受。举个例子：我们觉得网易是平易近人的,迪斯尼是生动活泼的,IBM是专业严肃的。这些都是网站建设者在设计过程中给人们留下的不同感受。风格是独特的,是站点不同与其他网站的地方。或者色彩,或者技术,或者是交互方式,能让浏览者明确分辨出这是你的网站独有的。风格是有性格的。通过网站的外表、内容、文字、交流方式可以概括出一个站点的个性、情绪。是温文儒雅,是执著热情,是活泼易变,是放任不羁。像诗词中的"豪放派"和"婉约派",你可以用人的性格来比喻站点。

　　有风格的网站与普通网站的区别在于：普通网站你看到的只是堆砌在一起的信息,你只能用理性的感受来描述,比如信息量大小、浏览速度快慢。但你浏览过有风格的网站后你能有更深一层的感性认识。尽管看了以上的介绍,你可能对风格是什么依然模糊。其实风格就是一句话:与众不同! 如何树立网站风格呢? 大致分为以下几个步骤:

(1) 确信风格是建立在有价值内容之上的。一个网站有风格而没有内容,就好比绣花枕头一包草,好比一个性格傲慢但却目不识丁的人。你首先必须保证内容的质量和价值性。这是最基本的,毋庸置疑的。

(2) 你需要彻底搞清楚自己希望站点给人的印象是什么。

(3) 在明确自己的网站印象后,开始努力建立和加强这种印象。经过第二步印象的"量化"后,你需要进一步找出其中最有特色、特点的东西,就是最能体现网站风格的东西。并以它作为网站的特色加以重点强化和宣传。风格的形成不是一次定位的,你可以在实践中不断强化、调整、修饰。

由于网站建立的目的不同,所提供的服务和面向的群体也不同,建立站点时要根据设计原则,针对浏览者确定适当的风格。

可以针对浏览者的不同年龄、不同职业表现出不同的设计风格。面向青少年的网站页面要设计得活泼、明快;面向女性的则要体现细腻温暖的感觉,一般以暖色为主;对于艺术工作者,应当注意页面的设计感,浪漫而有特色;面向科学工作者则应体现严谨、理性和科学的风格。

在一个网站之中,如何把确定好的风格完整地保持下去也是一个重要的问题。即使一个网站的首页风格很有特色,如果在一级页面、底层页面不能够把这种设计风格延续下去,那么这也是一个失败的设计。我们常常可以看到一些网站的页面之间的设计完全不能够衔接,整个网站无序、繁杂,这一方面可能是由于不同的页面使用了不同的设计师,设计风格自然不同,另一方面也可能是设计者缺乏设计能力,而对其他网站的设计进行抄袭拼凑的结果。所以,设计一个好的网站,首先要求设计师有过硬的设计功底,另一方面也不能使用过多的设计师。一个网站应该是一个设计师的作品,强强联合在这里可能起到相反的作用——削弱了网站的整体感。当然本书的学习不一定是只为了培养一个网站设计师,通过学习网站的设计方法,首先可以从一个合格的网页制作者做起。

一个简单的保持网站内部设计风格统一的办法是,保持某一部分固定不变,如 Logo、导航条等,另外也可以设计相同风格的图标、图片等,以下是这些内容的操作方法:

1. 网站标志与名称设计

网站标志与名称关系到网站的总体形象,也是企业形象(CI)设计的一个方面。有的企业已有自身的标志,自然应该在网站上使用;有的企业没有标志,就应该考虑设计一个体现企业形象的标志并运用到网站上。

对于网站的名称,起名时应该做到合法、合理、合情。虽然"中国××网站"、"国际××网站"的名称听起来气魄很大,但如果不能做到名副其实,就没有人会再次访问该网站。其实,对于企业而言,企业的名字就是最简洁的网站的名字。当然,所有有创意的名字都能起到较好的效果。

通常,在网站主要页面上的显要位置,应该设计一个包含网站标志、网站名称的横幅,它可以是静态的图像,但最好能使用具有动态效果的动画。其中,网站横幅除了企业标志与网站名称外,还有以下一些内容:

- 网站有代表性的人、事、物
- 专业性网站的代表性物品
- 企业英文名称
- 企业网站的网址

多参考一些著名公司的网站名称与标志，并与公司的 CI 设计人员与公共关系部门人员取得联系，听取他们的意见，可对网站的名称与标志设计带来帮助。

2. 网站标准色彩的设计

色彩是人的视觉最敏感的东西。网页的色彩处理得好，可以锦上添花，达到事半功倍的效果。色彩总的应用原则是总体协调，局部对比。即网页的整体色彩效果应该是和谐的，只有局部的、小范围的地方可以有一些抢眼色彩的对比。

在色彩的具体运用上，可以根据网页内容的需要，分别采用不同的主色调。因为色彩具有象征性，如嫩绿色、翠绿色、黄色和灰褐色就可以分别象征着春、夏、秋、冬。其次有职业的标志色，如军警的橄榄绿，医疗卫生的白色等色彩还具有明显的心里感觉。另外，色彩还有民族性，各个民族由于生活环境、文化、传统等因素的不同，对于色彩的喜好也存在着较大的差异。充分运用色彩的这些特性，可以使网页具有深刻的艺术内涵，从而提升网站的文化品位。

当看到色彩时，受到其物理方面的影响，心理也会立即产生感觉。这种感觉一般难以用言语形容，称之为印象，也称色彩印象。

下面介绍几个色彩的色彩印象：

(1) 红色

由于红色容易引起注意，所以在各种媒体中被广泛应用。在很多使用红色的网站中，红色基本上是强调色。色调较暗时，红色反而容易给人冷静沉着的感觉，营造古典高贵的气氛。它除了具有较佳的明视效果外，更被用来传达有活力、积极、热诚、温暖、前进、喜庆等含义，如图 9-54 所示。

图 9-54

(2) 橙色

橙色明视度高，也是一种积分的色彩，具有轻快、欢欣、热烈、温馨和时尚的效果。由于橙色非常明亮鲜艳，所以在运用橙色时，要选择搭配的色彩和表现方式，才能把橙色明亮、活泼且具有口感的特性表现出来，如图 9-55 所示。

图　　9-55

（3）灰色

在商业设计中，灰色具有柔和和高雅的意向，而且属于中间性格，男女皆能接受，所以也是永远流行的主要颜色。在许多的高科技产品，尤其是和金属材料有关的网站，几乎都采用灰色来传达高级和科技的形象。使用灰色时，大多利用不同的层次变化进行组合或配用其他色彩，才不会给人过于平淡、沉闷、呆板和僵硬的感受，如图 9-56 所示。

图　　9-56

（4）白色

在商业设计中，白色具有洁白、明快、纯真和清洁的意象。通常需和其他色彩搭配使用。纯白色会带给别人寒冷、严峻的感受，所以在使用白色时，都会掺一些其他的色彩，如象牙白、米白、乳白和苹果白等。在生活用品、服饰用色上，白色是永远流行的主要色，可以和任何颜色作搭配。

（5）黄色

黄色明视度高，具有快乐、希望、智慧和轻快的个性。黄色是网站配色中使用较多的一种颜色，因为黄色能被大部分人认可。小到个人站，大到综合性门户网站，黄色几乎可以在每个角落找到自己的发挥空间。图 9-57 所示为黄绿色的 IT 类网站。

图　9-57

（6）绿色

绿色代表新鲜、希望、和平、柔和、安逸和青春。绿色是具有黄色和蓝色两种成分的颜色。一般农林业、教育类网站常使用绿色来表现希望充满活力的形象。

（7）紫色

由于具有强烈的女性化性格，在商业设计用色中，紫色受到相当限制。除了和女性有关的商品或企业形象之外（见图 9-58），其他类的设计不常采用紫色为主。

（8）褐色

在商业设计中，褐色通常用来表现原始材料的质感，如麻、木材、竹片、软木等，也用来传达某些饮品原料的色泽及味感，如咖啡、茶、麦类等，还可以强调古典优雅的企业或商品形象。

3．网站相关页面的布局设计

网页设计作为一种视觉语言，要讲究编排和布局，虽然主页的设计不等同于平面设计，但它们有许多相近之处，应充分加以利用和借鉴。

版式设计可以通过文字图像的空间组合，表达出和谐与美。版式设计通过设计要素的理性分析和严格的形式构成训练，培养设计者对整体画面的把握能力和审美能力。一个优秀的网页设计者应该知道某一个图形该落于何处，才能使整个网页生辉。

相关网页布局努力做到整体布局合理化、有序化、整体化。优秀之作，善于以巧妙、合理的视觉方式使一些语言无法表达的思想得以阐述，做到丰富多样而又简洁明了。

图 9-58

多页面站点的页面编排设计，要求把页面之间的有机联系反映出来，这里主要的问题是页面之家和页面内容的关系。为了达到最佳的视觉表现效果，应讲究整体布局的合理性。特别是关系十分紧密的有上下文关系的页面，应该设计有向前和向后的按钮，便于浏览者仔细研读。

为了使站点设计简单有序，主次关系分明，应将凌乱页面的组织过程、混杂的内容依整体布局的需要进行分组归纳，并进行具有内在联系的组织排列，反复推敲文字、图形与空间的关系，使浏览者有一个流畅的体验。

也不是把一个页面设计得越丰富越好，适当地空出一些地方可能会给访问者更好的感觉。

4. 掌握形式设计要点：形式与内容和谐统一

形式服务于内容，内容又为目的服务，形式与内容的统一是设计网页的基本原则之一。画面的组织原则中，将丰富的以及和多样的形式组织在一个统一的结构里，形式语言必须符合页面的内容，体现内容的丰富含义。

应合理地运用对比与调和、对称与平衡、节奏与韵律以及留白等手段，如通过空间、文字、图形之间的相互关系建立整体的均衡状态，产生和谐的美感。应用对称原则设计的页面，有时会显得呆板，但如果加入一些动感的文字、图案，或采用夸张的手法来表现内容往往会达到比较好的效果。

点、线、面是视觉语言中的基本元素，可以使用点、线、面互相穿插、互相衬托、互相补充，构成最佳页面效果。

点是所有空间形态中最简洁的元素，也可以说是最活跃、最不安分的元素。设计中，一个点就可以包罗万象，体现设计者的无限心思，网页中的图标、单个图片、按钮或一段文字等都可以说是点。点是灵活多变的，我们可以将一排文字视为一个点，将一个图形视为一个点。在网页设计中的点，由于大小、形态、位置的不同会给人不同的心理感受。

线是点移动的轨迹,线在编排设计中有强调、分割、导线、视觉线的作用。线会因方向形态的不同而产生不同的视觉感受,例如垂直的线给人平稳、挺立的感觉,弧线使人感到流畅、轻盈,曲线给人跳动、不安的感受。在页面中内容较多时,就需要进行版面分割,通过线的分割保证页面良好的视觉秩序。页面在直线的分割下,会产生和谐的美感;通过不同比例的空间分割,会产生空间层次韵律感。

面的形态除了规则的集合行体外,还有其他一些不规则的形态,可以说表现形式是多种多样的。面在平面设计中是通过点的扩大、线的重复形成的。面给人以整体美感,使空间层次丰富,使单一的空间多元化,表达比较含蓄。

网页设计中点、线、面的运用并不是孤立的,很多时候都需要将它们结合起来,表达完美的设计意境。

5. 三维空间的风格设计

网络上的三维空间是一个假象空间,这种空间关系需借助动静变化、图像的比例关系等空间因素表现出来。

在页面中图片、文字位置前后叠压,或位置疏密,或页面上、左、中、下位置所产生的视觉效果都各不相同。在网页上,图片、文字前后叠压所构成的空间层次目前还不多见,网上更多的是一些设计得比较规范化、简明化的页面,这种叠压排列能产生强节奏的空间层次,视觉效果强烈。网页上常见的是页面上、左、右、下、中位置所产生的空间关系,以及疏密的位置关系所产生的空间层次,这两种位置关系使视觉流程生动而清晰,视觉瞩目程度高。

疏密的位置关系使产生的空间层次富有弹性,同时也让人产生轻松或紧迫的心理感受。

6. 多媒体功能的风格设计

因特网最大的资源优势在于多媒体功能,因而应尽一切努力挖掘它,吸引浏览者保持注意力。

但由于网络带宽的限制,在使用多媒体的形式表现网页的内容时应考虑客户端的传输速度,或者说将多媒体的内容控制在用户可接收的时间内是十分必要的。因而画面的内容应当有一定的实用性,如产品的介绍甚至可以用三维展示与虚拟现实模拟三维展示。其中Java 插件模拟三维展示又包括以下两种主要的展示方式。

实景互动 360°图片:是利用专利技术——鱼眼镜头摄影两张 183°的球形图片,通过专业的软件把两幅图像缝合起来做成一个图像。

360°全景摄影:是以数码相机加上三脚架在固定影点处以 30°或更少的角度旋转相机,连续拍摄 12～20 张以上的数码影像。

随着 Web 的普及和计算机技术的迅猛发展,人们对 Web 语言的要求也日益增长。人们已不满足于 HTML 编制的二维 Web 页面,三维世界的诱惑开始吸引更多的人。这时,需要用虚拟现实的技术在 Web 网上展示其迷人的风采,于是很多其他的语言出现了,如Vrml。Vrml 是一种面向对象的语言,它类似 Web 超链接所使用的 HTML,也是一种基于文本的语言,并可以运行在多种平台之上,能够更多地为虚拟现实环境服务。Vrml 只是一种语言,对于三维环境的艺术设计仍需要理论和实践指导。

当然,充分合理地利用图像处理、音频、视频及动画多种形式,可以使网站的页面更具有吸引力。

7. 文字与段落的风格设计

不要轻易让文字居中和只用粗体或斜体。除了视觉混乱之外，很多浏览器不能很好地显示斜体字，也不能补偿由于字符倾斜引起的空白变化。

应尽量利用短的段落，多利用项目符号显示列表。应用影像地图指引主要链接，使页面能吸引人和容易阅读。对于较多内容的显示，应该注意显示的技巧。如让用户注册一个账户时，如果网站经营者想让顾客在注册时填写十几个以上的问题时，这些问题一次性都出现在一个屏幕上显然不是明智的选择，因为那样用户很可能被吓跑了。较好的做法是每次给出少数几个问题，然后分几个屏幕把是几个问题分开显示，使用户一次在一个屏幕上看到的问题数量不多。此时，用户自然感到更轻松。

8. 图像运用的风格设计

图像运用时，不必再以页面上填满图像来增加视觉趣味，而尽量使用彩色圆点——它们较小并能为列表项增加色彩活力（并能用于彩色列表）。彩色分割条也能在不扰乱带宽的情况下增强图形感。

图像的格式应做选择，在不影响图像效果的前提下，应该选择文件容量更小的图像。对于有很多图像要显示的页面，开始应该显示一个小的图像，如果用户想观察高质量的大图像，可以由用户单击小图像获得。

对用作背景的 GIF 格式要谨慎。GIF 格式可以使一个页面看起来很有趣，甚至很专业，但是装饰背景很容易使文字变得不可辨读。要把背景做得好，光有颜色对比是不够的。背景要么很亮（文字较暗），要么很暗（文字较亮）。如果背景含有图像，对比度要设置得较低，这样才不至于过于分散读者的注意力。

9.2.2 网站的创意设计

创意是网站生存的关键。如何挖掘创意的来源？一个出色的创意并不是信手拈来的，它需要完成很多工作。对一个创意策划人员来讲首先要有敏锐的头脑去捕捉稍瞬即逝的灵感，其次是用坚持不懈的工作来实现创意。

创意到底是什么，如何产生创意呢？

创意是引人入胜，精彩万分，出其不意的。

创意是捕捉出来的点子，是创作出来的奇招……

创意（idea）是网站建设生存的关键。这一点相信大家都已经认同。然而作为网页设计师，最苦恼的就是没有好的创意来源。注意，这里说的创意是指站点的整体创意。创意到底是什么，如何产生创意呢？创意是引人入胜，精彩万分，出其不意的；创意是捕捉出来的点子，是创作出来的奇招。这些讲法都说出了创意的一些特点，实质上，创意是传达信息的一种特别方式。创意并不是天才者的灵感，而是思考的结果。

创意是将现有的要素重新组合。资料越丰富，越容易产生创意。就好比万花筒，筒内的玻璃片越多，所呈现的图案越多。你如果有心可以发现，网络上的最多的创意来自与现实生活的结合，如在线书店、电子社区、在线拍卖。你是否想到了一种更好的创意呢？值得一提的是：创意的目的是更好的宣传推广网站。如果创意很好，却对网站发展毫无意义，我们宁可放弃这个创意。

创意思考有很多途径,有一点就是不要墨守成规,以下是一些网站规划设计方面的技巧:

1. 要养成构图的良好习惯

在动手制作任何作品之前,都需要先进行构图。构图是指在创作过程中,如何在有限的平面空间里,合理地安排所看到的画面上的各个元素的位置,从而达到最佳的艺术效果,同时表现出设计者的意图。一个优秀的设计,人们往往以"匠心独运"来评价其构图的精湛。可见平面设计离不开构图。一个好的设计,首先要精心设计整体画面,包括线条、各种形状、前景背景的搭配及其他元素安排,比如线条可以引导观众的视线,而不同线条所代表的含义也不尽相同,合理运用,可以让观众更容易理解设计中的主体及所要表达的含义。

2. 要善于将多软件系统地工作

设计的时候有多个不错的软件,Photoshop 有强大的图像处理功能,但文字排版功能较弱;Coreldraw 的处理图形、绘制功能相当灵活,也有强大的文字排版功能;Flash 是著名的动画处理软件;Dreamweaver 则在网页编辑方面较强等。还有很多其他优秀的设计软件,因此,如果将各个软件的优势互补、取长补短、强强联合、分工合作,定能取得非凡的效果。在使用上,各个软件并不一定需要严格遵循什么次序,只要方便,只要能提高设计的效率和效果,如何去使用,都不重要。

一些具体的创意技巧:

(1) 把设计对象颠倒。

(2) 把设计对象缩小。

(3) 把颜色换一下。

(4) 使设计对象更长。

(5) 使设计对象闪动。

(6) 把设计对象放进音乐片段中。

(7) 结合文字音乐图画。

(8) 使设计对象重复。

(9) 使设计对象变成立体。

(10) 设计一个比赛。

(11) 设计一个竞猜游戏。

(12) 变更设计对象的一部分。

(13) 分裂设计对象。

(14) 使设计对象速度加快。

(15) 使设计对象对称。

以上是一部分创意的想法,鉴赏创意设计是提升设计灵感与技巧的重要方法,只要肯动脑筋,每个人都会想出不少好的创意。

9.3　网站功能设计

网站的功能设计在网站的建设当中起到的作用是相当重要的,是整个网站策划中最为核心的一步。设计出新颖强大的功能,对于网站的建设和推广营销来说这是一个关键的环节,没有它可以说网站的建设与推广举步维艰。同时网站功能的多少以及质量的优劣反映出一个开发团队的实力,也体现了一个企业实力的强弱。

现在许多的开发团队,在设计功能这个环节上出现的失误,比如:网站功能设计得较多,网站功能不实用,又或者网站功能太少等,给网站推广和发展带来一定的困难。

为了避免出现这些问题,做网站的功能设计时,应该注意以下几点。

1. 做好网站开发项目需求分析

一个网站项目的确立是建立在各种各样的需求上面的,这种需求往往来自于客户的实际需求或者是出于公司自身发展的需要,其中客户的实际需求也就是说这种交易性质的需求占了绝大部分。面对对网站开发拥有不同知识层面的客户,对用户需求的理解程度,在很大程度上决定了此类网站开发项目的成败。因此如何更好地了解、分析、明确用户需求,并且能够准确、清晰以文档的形式表达给参与项目开发的每个成员,保证开发过程按照满足用户需求为目的正确项目开发方向进行,是每个网站开发项目管理者需要面对的问题。下面是一些值得注意的地方:

(1) 需求分析活动参与人

需求分析活动其实本来就是一个和客户交流,正确引导客户能够将自己的实际需求用较为适当的技术语言进行表达(或者由相关技术人员帮助表达)以明确项目目的的过程。这个过程中也同时包含了对要建立的网站基本功能和模块的确立和策划活动。相关开发人员、美术和技术骨干代表或者全部成员、网站用户应一起进行需求分析活动。在这个活动过程中,共同参与讨论和修改并最终完成产品的功能描述说明书,并在确定后签字,确保以后开发出来的软件是用户所需要的软件,而且有最终签字确认,以免重复改动而增加工作量。

(2) 完整的需求调查文档记录体系

在整个需求分析的过程中,按照一定规范的编写需求分析的相关文档是非常重要的,不但可以帮助项目成员将需求分析结果变得更加详细和明确,也为以后的开发过程做到现实文本形式的备忘,并且有助于为公司日后的开发项目提供有益的借鉴和规范,需求分析文档将成为公司在项目开发中积累的符合自身特点的经验和财富。需求分析中需要编写的文档主要是《网站需求分析规格说明书》,它是整个需求分析活动的结果性文档,也是开发工程中项目成员主要的参考文档。其主要内容应该包括以下几点:首先是引言,内容有编写需求规格说明书的目的、项目背景(软件产品的作用范围)、参考资料等;然后是软件产品的一般性描述,包括有运行环境与资源、软件产品的功能等;接着是功能行为需求,包括了业务需求功能模型(用例模型)、对象类模型和相关类的展开;再有是性能需求,应该还有数据精确度、时间特性、适应性和故障处理等的说明;还有运行需求,指的是用户界面、硬件环境和软件环境的要求;最后是其他要求与附录等。

2. 网站功能的可用性

网站每推出一个新的功能起初都会引起人们浓厚的兴趣。设计出来的新功能如果是一个全新的功能,用户就要花时间来适应这项功能。如果这个新功能确实是用户迫切需要的,那么用户从原来的使用习惯过渡到这个新功能上并不困难。如果设计出的网站看起来很强大,而实际用起来很烦琐的话,当用户在使用过程中遇到较多麻烦时,就不会有耐心去学习和摸索你的新功能了,接着他们便不再到访贵站了,因此再漂亮再强大的功能也会无人问津。这样的实用性低的功能设计对网站没有太多好处。一个功能的增加或者更新需要一个循序渐进的过程,所以网站在设计开发新功能或是网站改版时,要尽量简单化,要让用户感觉不到变化,但实际上你已经在悄悄地转变。

3. 网站功能的实用性

如果一个网站的功能设计简陋而稀少,将无法吸引住用户。那么是不是说一个网站的功能越多越好呢?

我们说网站拥有丰富的功能证明了网站的强大,但强大的基础是不影响整个网站的专业形象和核心形象。并不是网站功能越多越好,不可用,或者复杂的功能设计只会成为影响网站整体形象的拖油瓶。

我认为实用性与可用性是有区别的。许多的功能都是具有可用性的,但可用性不代表对整个网站具有实用性。实用性的功能是指对于用户使用该网站有实质性意义的功能,是为网站的核心思想服务的功能。那些滥竽充数的功能拿来又有什么意义呢?功能是为了网站运营的需要,如果网站的功能与网站核心服务之间没有多大关系,即使这样的功能获得了较多的使用者,并为网站带来了一定的流量,而对于网站的总体经营意义也不是很大。

4. 网站功能的可扩展性

网站的生存离不开网站的发展。若是在设计网站功能的时候给它套好了条条框框,就只会阻碍网站的发展。在设计的时候为其发展留下可扩展的空间,根据市场的变化需求寻求功能的不断强大和完善。具有良好可扩展性的网站其性能随着成本的增加而线性的增长,并且很容易对其进行精简或者扩充。因此网站的可扩展性是网站发展的一个重要要素。

9.4 网站设计流程

制作网站前都必须先设计一个网站建设流程,然后按照网站建设流程制作网站,这样才不至于在制作过程中迷茫。一般来说,网站建设的流程是:网站需求分析;网站整体规划;手机资料与素材;网页制作;网站的上传与维护;网站的推广。

9.4.1 网站需求分析

一个网站项目的确立是建立在各种各样的需求的基础上的,这种需求往往来自客户的实际需求或者出于公司自身发展的需要,其中客户的实际需求即交易性质的需求占绝大部分。需求分析活动就是与客户交流的过程,期间要正确引导客户能够将其实际需求用较为适当的技术语言表达以明确目的。这个过程也包含对建立网站的基本功能和模块的确定。在整个需求分析的过程中,需要按照一定的规范编写需求分析的相关文档,可以帮助项目成员将需求分析的结果更加明确化。在需求分析工程中,往往有很多不明确的用户需求,这时需要调查用户的实际情况,明确用户需求。通过市场调研活动,清晰地分析相似网站的性能和运行情况,一边更加清楚地构想将要开发的网站的大体架构和模样,在总结同类网站优势和缺点的同时可以博采众长开发出更加优秀的网站。需求分析说明书应该包含以下几点:

正确性:每个功能必须清楚描写交付的功能。

可行性:确保在当前的开发能力和系统环境下可以实现每个需求。

必要性：功能是否必须交付，是否可以推迟实现，是否可以在消减开支的情况发生时去除。

简明性：不要使用专业的网络术语。

检测性：如果开发完毕，客户可以根据需求检测。

9.4.2　网站规划

在做网站之前首先要准确定位，明确建站目的是第一步要做的。给网站定位时，要与公司决策层共同讨论，一边让上层领导能对网站的发展方向有一定的把握，同时最好调动公司其他部门一起参与讨论，让其及时从公司立场提出好的建议，一边结合到策划中去。在明确建站目的和网站定位以后，开始收集相关的意见，包括公司其他部门的意见。因为网站一定要为公司服务，收集其他部门的意见和想法是必要的，需要把建议整理成文档。

根据意见以及公司业务的侧重点，并结合网站定位来确定网站的栏目。这是一个讨论的过程，需要将相关人员定下来的内容归类，形成网站栏目的树状列表以清晰表达站点结构。

1．功能定位

设计是一种审美活动，成功的设计作品一般都很艺术化。但艺术只是设计的手段，而非设计的任务。设计的任务是要实现设计者的意图，而并非创造美。

网页设计的任务，是指设计者要表现的主题和要实现的功能。站点的性质不同，设计的任务也不同。从形式上，可以将站点分为以下三类。

第一类是资讯站点，像新浪、网易和搜狐等门户网站。这类站点将为访问者提供大量的信息，而且访问量较大。因此需注意页面的分割、结构的合理、页面的优化以及界面的亲和等问题。

第二类是资讯和形象相结合的网站，像一些较大的公司、国内高校的网站等。这类网站在设计上要求较高，既要保证资讯类网站的上述要求，同时又要突出企业、单位的形象。然而从现状上来看，这类网站有粗制滥造的嫌疑。

第三类则是形象类网站，比如一些中小型的公司或单位的网站。这类网站一般较小，有的只有几页，需要实现的功能也较为简单，网站设计的主要任务是突出企业形象。这类网站对设计者的美工水平要求较高。

当然这只是从整体上来看，具体情况还要具体分析。不同的站点还要区别对待，对网站进行总体设计。

2．网站的总体设计

在完成需求分析和网站的功能定位后，开始对项目进行总体设计，出一份网站建设方案给客户。主要确定以下功能：

- 网站需要实现哪些功能。设计网站功能结构，网站功能系统通常由许多个模块组成，每个模块完成一个适当的子功能。应该把模块组织成良好的层次系统，网站功能结构可以用层次图或机构图来描述。网站的技术解决方案，包括采用的服务器类型；所选择的操作系统并分析投入的成本、功能、开发、稳定性和安全性等；采用系统性的解决方案、电子商务解决方案还是另行开发；网站安全性措施，防黑客、防病毒方案；网站开发使用的软件和开发的硬件环境等。

- 确定开发人数和开发时间。
- 需要遵循的规则和标准。书写文档,使用正规文档记录总体设计的结果,主要包括系统说明、用户手册、测试计划、详细的实现计划等。
- 审查和复审。

3. 网站的详细设计

总体设计阶段以比较抽象概括的方式提出了解决问题的办法。详细设计阶段的任务就是把解法具体化。详细设计主要是针对程序开发部分来说的。但这个阶段不是真正编写程序,而是设计出程序的详细规格说明。这种规格说明的作用类似于其他工程领域中工程师经常使用的工程蓝图,它们应该包含必要的细节,例如程序界面、表单和需要的数据等。

9.4.3 项目实施

1. 整体形象设计

在设计员进行详细设计的同时,网页设计师开始设计网站的整体形象和首页。整体形象设计包括网站名称、网站页面布局、标准字、Logo 标准色彩和广告语等。

(1)确定网站名称

如果题材已经确定,就可以围绕题材给该网站起一个名字。网站名称也是网站设计的关键要素。网站名称要正、要简单易记,有利于对网站的形象进行宣传推广。

名称要正:就是要合法、合情和合理。不能用带有反动的、色情的、保密性的和危害社会安全的名词语句。

名称要易记:网站名称的字数应该控制在 6 个字以内,4 个字的也可以用成语。字数少方便与其他站点进行链接。

名称要有特色:名称如果能体现一定的内涵,给浏览者更多的视觉冲击和空间想象力,就是好的名称。

(2)确定网站页面布局

比如某"厂"字型结构布局的企业网站,这种布局页面顶部为"标志+广告条",下方左面为主菜单,右面显示正文信息,整体效果类似"厂"字,所以称为"厂"字型布局。这是网页设计中使用范围较广的一种布局方式,一般应用于企业网中的二级页面。这种布局的优点是页面结构清晰、主次分明,是初学者最容易上手的布局方法。布局网页版面时可以采用以下几种方式。

正常平衡:也称"匀称",多指左右、上下对照形式,主要强调秩序,能达到安定诚实、值得信赖的效果。

异常平衡:即非对照形式,但也要平衡和韵律,当然都是不均衡的。此种布局能达到强调性、不安性、高注目性的效果。

对比:对比不仅利用色彩、色调等技巧表现,在内容上也可设计古与今、新与旧等对比。

凝视:是指利用页面中人物的实现引导浏览者仿照跟随,以达到注释页面的效果。一般多用明星凝视状。

空白:空白有两种作用。一方面相对其他网站表示突出、卓越;另一方面也表现网站品味的优越。这种表现方法对体现网站的格调十分有效。

尽量用图片解说：此法对不能用语言说明，或用语言无法表达的情感，特别有效。图片解说的内容可以传达给浏览者更多的感性认识。

（3）标准字

标准字体是指用于标志、标题、主菜单、主体内容的字体。它是 CI 设计的又一个方面。标准字体也是一整套的字体方案，整个网站所有页面的设计也都应该按照标准字体方案来设计。

一般，常用的字体可以自由设计，而对于不常用的字体最好通过图片形式显示。标准字体的设计中还应考虑中英文及其他可能用到的文字所使用的不同字体。

2．开发制作

到这里，网页界面设计和程序的功能开发将同时进入开发阶段，需要提醒的是，测试人员需要随时测试网页与程序，记录测时所遇到的问题和解决方法，不要拖到项目完成后再测试，这样会浪费大量的时间和精力。项目经理需要经常了解项目进度，协调和沟通整个开发工作。

3．测试与调试

在网站初步完成后，上载到服务器，对网站进行全范围的测试，包括速度、兼容性、交互性、链接正确性、程序健壮性和压力测试等，发现问题后马上解决并作好相关记录。

9.4.4　宣传推广

推广网站的目的是提高网站访问量并达成网络营销的目标。网站的经营者应该利用互联网的特性和自己对目标市场的准确定位，让更多的潜在客户认识企业的网站并成为回头客。

1．精心设计网站域名

宣传站点最重要的一步就是注册一个好记的域名。大家可能都有这样的切身体会：在大家生活的城市里，到处都有 .com 的广告，有些看一眼就记住，有些则不然。当然，它们的广告效应也会有差别。

从技术上讲，域名只是一种 Internet 中用于解决网站地址问题的方法。可以说只是一个技术名词。但是，由于 Internet 已经成为了全世界人的 Internet，域名也自然地成为了一个社会科学名词。从社会科学的角度看，域名已成为了 Internet 文化的组成部分。从商界看，域名已被誉为"企业的网上商标"。没有哪一家企业不重视自己产品的标识——商标，而域名的重要性及其价值，也已经被全世界的企业所重视。

域名名称一般由 26 个英文字母、10 个阿拉伯数字以及下划线"_"组成。对于公司站点来说，把公司的名称注册为域名是一个较好的选择。这样让用户在记住公司名称的同时，也记住了公司站点的域名。这是业界一条不成文的做法，也是非常行之有效的方法。

2．使用搜索引擎推广

现在网络在国内已经基本上普及，浏览者主要是通过什么方式在网上寻找自己所要找的东西呢？大部分使用者都是登录有名的搜索引擎，输入相关的搜索内容，就可以快速找到相关的信息。所以企业网站的推广，首选登录被大家公认的搜索引擎网站或者是专业的相关网站。

注册到搜索引擎,是极为方便的一种宣传网站的方法。目前比较有名的搜索引擎有谷歌(www. google. cn)、百度(www. baidu. com)、雅虎(http://cn. yahoo. com)、网易(www. 163.com)等。

注册时尽量详尽地填写企业网站中的一些信息,特别是一些关键词要尽量写得普遍化、大众化一些,比如"公司资料"最好写成"公司简介"。注册分类的时候尽量分得细一些,比如有些企业网站只在"公司" 大类里注册了,人们只有查找"公司"时才能搜索到该网站。但一般情况下,一个客户要查找的是某个公司所生产的产品,如果只注册了"公司"大类,用户不会知道公司生产的是什么产品。在进行推广型登录时,要注意关键字的出现位置、关键字的出现频率和关键字的匹配程度,以提高网站的登录效果。

企业网站最快最直接的宣传方法就是通过一些知名搜索引擎网站的帮助进行推广,企业可以根据自己企业的经营范围、产品的推广方向选择投放广告。下面介绍一下目前国内外著名的各类搜索引擎。

(1) 中文搜索引擎

中文搜索引擎是国内企业推广网站的首选,至今著名的中文搜索引擎也是屈指可数。他们各有各的优势,企业可以根据他们的知名度和优势进行选择。

谷歌(Google,图 9-59),它是目前最优秀的支持多语种的搜索引擎之一。它提供了网站、图像、新闻组等多种资源的查询,并包括中文简体、中文繁体、英语等 35 个国家和地区的语言资源。

图 9-59

百度(baidu,图 9-60),它是全球最大的中文搜索引擎,提供了网页快照、网页预览、相关搜索词、错别字纠正提示、新闻搜索、flash 搜索、信息快递搜索、百度搜霸、搜索援助中心等功能。

(2) 英文搜索引擎

雅虎(Yahoo),有英、中、日、韩、法、德、意、西班牙等 10 余种语言版本,各版本内容互不相同。它提供了类目、网站及全文检索功能。其目录分类比较合理,层次深,类目设置好,网

图　9-60

站提要严格清楚,但部分网站无提要。网站收录丰富,检索结果精确度较高,有相关网页和新闻的查询链接。全文检索有高级检索方式,未成年保护,支持逻辑查询,可限时间查询。此外,还设有新站、酷站目录功能,如图 9-61 所示。

图　9-61

Aol(http://www.aol.com)提供了类目检索、网站检索、白页(人名)查询、黄页查询、工作查询等多种功能。其目录分类细致,网站收录丰富,搜索结果有网站提要,按照精确度排序,方便用户得到所需结果;支持布尔操作符,包括 and、or、and not、adj 以及 near 等;有高级检索功能,其中有一些选项可针对用户要求在相应范围内进行检索,如图 9-62 所示。

图 9-62

3. 网络广告

网络广告是一种常用的网站推广手段,是利用超文本链接功能而实现的一种宣传方式,常见的网络广告有标志广告(Banner)、文本广告、电子邮件广告、分类广告等多种形式,其中标志广告又是最通用的,因此有时也将网络广告等同于标志广告。标志广告通常以 GIF、JPG、SWF(flash 动画)等格式建立文件,插入在网页中来表现广告内容,同时还应用 Java 等语言使其产生交互性,用户单击标志广告后通过超级链接到达广告所要宣传的内容页面。据统计,标志广告的平均单击率在 1% 左右。与传统媒体相比,网络广告有着独特之处,如成本低廉、不受地理区域限制、具有交互性、广告效果容易统计、具有实时性和用户主动性等。

(1) 交换链接和广告

这是一种免费获得宣传的推广途径,主要是指两个网站间的相互补充、相互推广而形成的推广方式。

- 交换友情链接

交换友情链接(也成为互惠链接)是通过增加网站推广机会从而提高访问量的一种有效方式,而且交换链接数量的多少也是搜索引擎决定网站排名的一项参数。因此交换链接被认为是网络营销的一项重要手段,也是评价网络营销效果的一项标准。

实现交换链接的方法是寻找与自己的网站具有互补性、相关性或者潜在客户的站点,并向它们提出与站点进行交互链接的要求,在企业的网上为伙伴站点设立链接。通常有图片链接及文本链接两种形式,由于文本链接占用字节少且不影响网页整体效果而被广泛采用。互惠链接还可以增加企业网站的知名度。一个网站不可能大而全,但为了给用户提供"完整"的方案,解决的一个办法就是建立互惠链接,这也是被业界证明的,网站应该有自己的特色和自己的核心业务。

在选择链接对象时应该有一定的标准,因为建立友情链接不仅仅是为了增加访问量,还应对你的网站内容起补充作用,以便更好地服务你的用户。如果链接了大量低水平的网站,会降低访问者对网站的信任,甚至失去了潜在顾客。

- 交换友情广告

交换友情广告是网络广告的一种,一般是免费的。交换广告与交换链接有许多相似之处,都是出于平等互惠的目的,为增加访问量而使用的一种推广手段,其主要区别在于它交换的是标志广告(也有文本广告)而不是各自网站的 Logo 或名称。而且,通常是加入专业的广告交换网才能与其他成员建立交换广告,而不是自行寻找相关的网站直接交换双方的标志广告。此外,广告投放和显示次数也是由广告交换网决定的,当在网站上显示广告网成员的广告时,企业自身的广告同时显示在交换广告网其他成员的网站上。互惠链接可以放置在网站的子目录或其他任何位置,当用户浏览完网站之后再跳到其他网站;而免费广告交换网则不是,一般地,免费广告交换网要求在网站首页放置 Banner 广告,而不是网站内部。

在众多的广告交换组织中,网盟(http://www.Webunion.com)是首家也是最具规模与专业性的中文标志广告交换服务网,全球有上万家中文网站加入网盟。网盟的免费广告交换服务可以轻易地与成千上万个中文网页进行交换广告显示,在网页上显示其他会员的广告次数越多,本企业的广告显示在其他网站的次数也越多(网盟采取 2∶1 的交换比例,即在企业的网站上显示两次广告,可以获得一次广告显示机会)。加入网盟的方法也很简单,只要网站有一定的质量,直接到网盟网站在线申请会员资格即可,经网盟确认后,只需在网页中加入网盟制定的 HTML 代码,网盟各会员的网页广告就会出现在自己网站的网页上,本企业的广告也会出现在会员的网页上。

另外,也可以跟一些兄弟公司或者朋友公司交换友情链接。当然兄弟公司网站最好是点击率比较高的。友情链接包括文字链接和图片链接。文字链接一般就是公司的名字;图片链接则包括 Logo 的链接和 Banner 的链接。Logo 和 Banner 的制作跟上面的广告条一样,也需要仔细考虑怎么样去吸引客户单击。如果允许应尽量使用图片链接,可将图片做成 GIF 或者 Flash 动画。

(2) 充分利用信息网和分类广告

有资料表明,网上读者对互联网上的重大新闻与分类广告的兴趣不相上下,因此,充分利用信息网和分类广告的功能,有助于网站推广并增加成交机会。

在专业的信息网发布信息和分类广告类似于无站点网上营销的方法,但比无站点营销更具有优势。因为分类广告中往往只能提供有线的网页信息,如果拥有自己的网站,只需在发布信息中写明访问网址,有兴趣的访问者就会根据网址来访问网站,从而在网站上获得更加详细的信息。

另外,站点属于某些特定行业或组织,而这些行业或组织如果建有会员站点,则应加入这类会员网站,或至少应该在会员网站中申请一个链接。

4. 电子邮件营销

这里所指的电子邮件营销是特指有些网站提供的邮件列表服务,它通过客户自主订阅,实现一对一和一对多的电子邮件营销,不会产生垃圾邮件带来的负面效应。当然邮件组的内容编辑要注意在个性化服务、内容的多样性和新颖等方面多下工夫,最好的方式是让客户参与进来,让大家都有认同感。此营销方式经费最省,当然,所起的效果反应起来比较慢,在宣传新网站方面远不及其他推广方式来得更快,但会保持比较高的回头率,在粘住客户方面是一种较好的举措。

据统计,电子邮件反馈率在5%~15%,远远高于标志广告的回应率。电子邮件营销已经受到广泛重视,甚至许多B2B电子商务企业也在利用电子邮件营销手段。

电子邮件营销的基本思路是:通过为顾客提供某些有价值的信息,如实施新闻、最新产品信息、免费报告以及其他为顾客定制的个性化服务内容,来吸引顾客参与,从而收集顾客的电子邮件地址(邮件列表),在发送定制信息的同时对自己的网站、产品或服务进行宣传。在企业没有条件实施邮件列表的情况下,也可以通过向第三方购买电子邮件地址、与第三方合作等方式开展电子邮件营销,或者委托给专业的电子邮件营销服务公司。从营销的手段、提供服务的内容和与顾客的关系等方面综合分析,E-mail营销有下列模式:顾客关系E-mail、企业新闻邮件、提醒服务、许可邮件列表、赞助新闻邮件、赞助讨论列表、鼓动性营销、伙伴联合营销。

5. 专业营销网站推广

利用行业或商业门户网站,或者是目标客户经常浏览的网站,投放网络广告或做新闻专题类的宣传广告,会产生意想不到的轰动效应。虽然网络营销比传统营销具有多方面的优越性,但并不意味着网络营销可以脱离或者完全替代传统营销。事实上,由于互联网只是人们生活中的一部分内容,而且大部分人并没有上网,即使对于经常上网者来说,也并没有达到只接受互联网信息而忽略其他传统媒体信息的地步,因此,网络营销只是企业营销中的一部分,网络营销只有与传统营销相结合才能发挥更大的效果。

整合营销至少包含两方面的含义:一是网络营销与传统营销的整合;二是网络营销各种手段的整合。

网络营销与传统营销的整合,即是利用传统营销的推广手段来推广网上的服务,例如在报纸、杂志、电视等媒体上做广告,常见的还有路牌广告、车厢广告、宣传册、信函广告、组织研讨会等多种形式。向传统媒体和网络媒体发布新闻也是一种效果较好的推广方式。另外,应该在所有公司文化用品和展示场所的适当位置印刷或显示出公司的网址,例如信封、传真纸、名片以及各类广告中;在参加各种展览会或其他活动时,也应该在醒目位置显示出公司的链接地址。

网络营销各种手段的整合告诉我们,各种网络营销手段之间不是孤立的,更不是相互排斥的。为加强网络营销的效果,可以采取多种手段齐头并进的方式,所有的工作都与网络营销效果有关,从网站策划、网页制作、服务方式等基本环节做起,总目标都是为了取得最好的宣传和推广效果。除了上述常用的网络营销手段之外,还有许多方式,如利用免费服务和在线竞猜增加访问量、数据库营销、会员制营销、病毒性营销等,企业可以根据自己的实际情况选择其中的若干方法来实现最佳的网络营销效果。

9.4.5 网站维护

当网站制作完成以后,如果不经常改进或更新,浏览者将不愿意再去访问。一个好的网站一定要经常进行更新,才能使网页内容丰富。

1．内容的更新

网站内容的更新主要是指及时性信息需要及时更新，如企业新闻、企业动态及最新产品等，在企业网站内容的更新上应主要注意如下一些内容的更新。

（1）站内公告型信息的更新

网站的信息内容应该适时的更新，如果现在客户访问企业的网站看到的是企业去年的新闻或者说客户在秋天看到新春快乐的网站祝贺语，那么对企业的印象肯定大打折扣。因此适时更新内容是相当重要的。同时在网站栏目设置上，也最好将一些可以定期更新的栏目如企业新闻等放在首页，使首页的更新频率更高些。

（2）网站服务与回馈工作要跟上

企业应设专人或专门的岗位从事网站的服务和回馈处理。客户向企业网站提交的各种回馈表单、购买的商品、发到企业邮箱中的电子邮件、在企业留言板上的留言等，企业如果没有及时处理和跟进，不但会丧失机会，还会造成很坏的影响，以致客户不会再相信企业的网站。

（3）不断完善网站系统，提供更好的服务

企业初始创建网站一般投入较小，功能也不是很强。随着业务的发展，网站的功能也应该不断完善以满足顾客的需要，此时使用集成度高的电子商务应用系统可以更好地实现网上业务的管理和发展，从而将企业的电子商务带向更高的阶段，并将取得更大的收获。

2．风格的更新

更新主要是指网站文本内容和一些小图片的增加、删除或修改，而总体版面的风格保持不变，可以一般一个星期更新一次。如果公司网站的客户量多，则周期可再缩短。当然如果有精力的话最好每天更新。这样客户每次访问网站时都有新内容，促使他有时间便来看看。网站的改版是对网站总体风格作调整，包括版面、配色等各方面。改版后的网站会让客户感觉改头换面，焕然一新。一般一个网站的设计代表了公司的形象和风格。随着时间的推移，很多客户对这种形象已经形成了定势，如果经常改版，会让客户感觉不适应，特别是那种风格彻底改变的"改版"。当然如果对公司网站有更好的设计方案，可以考虑改版，毕竟长期沿用一种版面的做法会让人感觉陈旧、厌烦。

3．域名续费

域名的使用期限一般为一年，所以在使用时要注意提前交付企业注册的域名费用，如果企业使用的服务空间有较大的变动或者是调整，则需要及时对域名指向进行调整。如果企业本身并没有自己的服务器，则需要对租用的空间进行续费，不同的空间根据功能、流量、连接数等分成了不同的价格。稳定的空间和域名是企业网站稳定运行的重要保证，因此选择域名和空间时要选择信誉好的产品。

4．网站的备份

企业网站使用过程中，被攻击的概率非常高。黑客可能来自企业内部，也可能是企业的竞争对手，或者是一个试着玩的黑客，所以制作好的网站备份变得非常关键。如果长期不对网站进行备份，那么万一被黑客攻击，丢失的可能是所有的数据。对于网站的备份，方法有很多种，最简单的就是把上传到服务器中使用的网站文件下载到本地硬盘，如有需要可刻录成光盘。每隔一周或者一个月操作一次，这要根据企业在网上的信息量是否大和是否有必要这么频繁备份来决定。

习题 9

9-1 尝试自己设计一款 Logo。

9-2 简述如何对网站的风格进行定位。

9-3 简述网站的开发流程。

9-4 简述网站的推广方式。

第10章 综合实例

本章知识点

- MiniSite 概念和意义
- 利用 Photoshop 和 Dreamweaver 设计网页
- 利用 ASP.NET(C#)制作简单的资料收集功能
- 企业网站制作要点
- SQL 数据库设计
- ASP.NET 模板的使用
- ASP.NET 通用模块的设计
- ASP.NET 企业网站设计实现

本章学习目标

- 了解什么是 MiniSite
- 了解企业网站制作要点
- 掌握系统需求分析的步骤和方式
- 掌握 MiniSite 的版面设计
- 掌握企业网站数据库的设计
- 了解动态网页的基本设计
- 掌握网页模版的使用
- 掌握基本的企业网站功能设计
- 掌握网页与网站规划的设计过程和功能实现

通过前九章的学习,我们已经掌握了制作网页与网站规划的基本知识,也制作了不少素材和页面。那么,在企业里面,这些知识都用在什么地方呢? 企业的网站制作流程是怎样的? 我们需要具体的例子帮助我们更好地提高网页与网站规划设计的技能。本章安排了两个实例,一个是利用 Photoshop、Dreamweaver 和简单 ASP.NET(C#)脚本完成的 MiniSite 的设计制作,一个是基于 ASP.NET(C#)和 SQL Server 完成企业网站的设计,由浅入深地带领大家掌握网页与网站规划设计的知识。

10.1 数码产品 MiniSite 设计实例

MiniSite 这种网站形式目前在企业领域使用广泛,它的时效性强,制作快,更新快,企业需求量大。本实例以一个数码产品公司的世界杯期间策划的宣传活动为蓝本制作

MiniSite,为增强实用性,所用公司名称、产品名称和产品图片均为真实内容。

10.1.1　什么是 MiniSite

MiniSite,单词是由小(mini)和站点(site)组合而成的,顾名思义就是微型网站或迷你站点,相似的名词术语有 microsite 和 sitelet。这名称源自于国外而被国内现代企业广泛使用,大多数人直呼其英文名。它是企业为特定的产品或业务专门设计的,用于配合网络推广的网站,页面少,通常只有一个简单的直接销售页面(通常只有 1～2 页内容)和一个订购表单,没有标志广告,也没有广告链接或者多种产品选择,每个 MiniSite 只专注于销售一种产品或服务,引导潜在顾客填写订购表单。访问者一般通过企业在门户网站投放的广告链接进入,主要都是真正对所提供产品有兴趣的目标用户。

1. MiniSite 的特点

(1) 用户可以在 MiniSite 里迅速找到所需要的信息,不需要在大量无关的图片和各种链接中摸索,一封简洁的产品介绍和订购单,对于直接用户来说,简单明了,同时也直接反映出市场推广与最终销售的关系。

(2) MiniSite 最主要特点就是 mini,各个方面的 mini。

① 主题 mini:它主题明确,关注一个窄的对象,企业中常用的可以针对某款产品、某个活动、某个广告 CAMPAIGN。

② 内容 mini:内容精炼,网页数目不多,每版页面组成比较少。它同样是一个信息发布、用户交互、品牌宣传的平台。

③ 表现形式 mini:因为展示内容少,选取的表现形式不需要太多。但 MiniSite 可以根据需求(活动主题、产品主题)来确定所选用的表现形式,而且可以跟企业官网风格完全不同。

MiniSite 可谓麻雀虽小,五脏俱全。MiniSite 具备有独立的网址,鼓励客户直接链接。只要需要,我们还可以为它添加所有大型网站的功能,像留言板、产品发布系统、新闻系统都可以包含,腾讯公司为非会员用户自动弹出的迷你首页也是属于 MiniSite 的一种(网址:http://minisite.qq.com/others08/),通过它为腾讯网带来了巨大的流量,如图 10-1 所示。

2. 为何需要 MiniSite

如前所述,MiniSite 的主要特征是 mini,那么在官网存在的前提下,为什么还需要建设MiniSite 呢? 这主要是为满足精准营销的需求。

企业推出了某类新品,或者是某个 CAMPAIGN,需要在网站上宣传。网络营销初期的做法是企业通过推广将网民引导到企业官网的地址。但是对于大型的企业品牌来讲,官网的信息非常丰富甚至庞杂,网民登录后,很容易分散注意力。对于企业本次特定的推广来讲,效果可能会打折扣。如果为产品或者 CAMPAIGN 单独建设自己的小网站可以将它规划、制作成独立的 T 型展示台,受众在其中可以了解到更加详细、直观的产品、活动信息,也可以促进产品的销售。

3. 一些 MiniSite 案例

(1) 雀巢咖啡"红杯欢乐送"活动 MiniSite

图 10-2 所示是雀巢咖啡"红杯欢乐送"活动的 MiniSite,循着缕缕的幽香,一路看去"雀巢咖啡在中国"、"咖啡世界"、"冲调咖啡"、"咖啡一族"、"幸运点击"……雀巢咖啡简体网站的栏目一目了然。中间的咖啡女郎还不时地冲你调皮地眨眼,一杯诱人的雀巢咖啡就端在

图 10-1

她的手中,尽显咖啡本色。这次雀巢咖啡小型网站构思精巧,设计精美,色彩温馨,堪称 MiniSite 中的上乘之作。

（2）三星 EVDO 手机 MiniSite

图 10-3 所示是三星官网为其 EVDO 产品所设计的 MiniSite。整体 site 背景选择了较为沉稳的淡咖啡色基调,很简洁地介绍了手机规格、配件等内容。通过 site 就可以很清晰地了解手机产品。

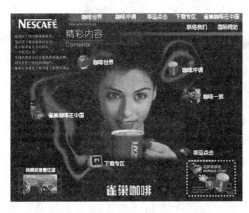

图 10-2

图 10-3

（3）深圳欢乐谷 MiniSite

图 10-4 所示是深圳欢乐谷的活动主题 MiniSite,欢乐谷每月都会有大型活动举行,制作 MiniSite 可以对每个主题活动做出专业的、突出主题活动的网页页面设计。

（4）中兴 25 周年庆 MiniSite

图 10-5 所示是中兴通讯 25 周年庆典的 MiniSite,通过创意的设计,可以突出体现公司 25 年的发展历程和公司的企业文化。

图   10-4

图   10-5

4. MiniSite 制作简单

从 MiniSite 的特点来看,它具有比较明显的单个主题。在产品知识上的互动性交流比较少,并且形式很单一。其次技术含量并不很高,主要以贴图及文字描述较多。再次,内容相对来说非常浅白,从页面来数,每个 MiniSite 的页面组成都比较少。品牌展现单一,完全是独立表现内容,表现形式相对简单。就算有游戏形式出现,也只是简单的娱乐方式,从 IT 程序上来讲是不复杂的。

所以,MiniSite 制作相对于整个功能完善的企业网站来说比较简单,读者在学完本书前九章后,可以拥有完成本 MiniSite 实例制作的基本能力。

10.1.2 需求分析

客户是一个数码产品零售商,近期在互联网上拓展业务,在腾讯拍拍上开设网店,可是苦于一直没做什么宣传,顾客寥寥无几。4 年一度的世界杯将至,想借世界杯之风在互联网上做一个宣传推广活动。

1. 客户需求

根据与客户沟通的结果,分析得到需求:做一个与世界杯有关的网上宣传推广MiniSite。

2. 确定 MiniSite 功能和创意

(1) 确定主推产品

该公司运营的网店名叫"优耶数码",主营耳机、鼠标、键盘、摄像头、音箱、麦克风等数码产品,我们需要在这些产品里面挑选一两款来做为该 MiniSite 的主打产品,既要结合价格优势产品,又要与世界杯有点关联。

最后选择了一款无线耳机和一套无线键盘鼠标套装作为 MiniSite 推广产品,选择的原因是成本低,可以做特价。还有看世界杯可以用无线耳机来看,而无线键鼠则是考虑到能上网购物的人基本上已经拥有传统的键盘、鼠标了,介绍一款无线的键盘、鼠标产品可以引导顾客消费,而且挑选的是游戏款的键鼠,对于世界杯期间玩 FIFA 之类的足球游戏的网友来说也是一个诱惑。

(2) 确定辅助活动

世界杯期间最火热的就是比赛结果竞猜了,所以,我们确定搞一个有奖竞猜的活动。

(3) 引导入主店铺

对于 MiniSite 来说,品牌推广是一方面,但更多的是想宣传整个网店,所以特别考虑设置了一个现金券赠送活动,购买指定产品,可以使用优惠券。

根据上述分析,确定一共要做 4 个页面:无线耳机促销、无线键盘鼠标促销、世界杯有奖竞猜、现金券大派送。

(4) 确定宣传文案

文案在制作 MiniSite 页面时要用到,所以要花费点心思去写。下面是这次活动的宣传文案。

激情世界杯,特价包邮促销活动

作为全球瞩目的焦点,即将于 6 月 11 日举行的第 19 届 2010 年南非世界杯,无疑将成为亿万球迷欢乐的海洋,也将彻底引爆球迷们的盛夏激情。你将如何享受这场伟大的足球盛宴呢?在欢呼和疯狂中为自己喜欢的球队呐喊助威吧!

为了让广大球迷能够更高质地享受世界杯,我们为球迷们提供了最有价值的世界杯"特价包邮大礼包",优耶数码于 5 月 24 日火热启动"激情世界杯,特价包邮促销活动"。通过空前让利的丰厚大礼,优耶数码让球迷们不但能够看好世界杯赛事,更能够置身其中感受到世界杯的激情与荣耀,体会真正的绿荫风采。

耳机——看世界杯的利器,深夜静享世界杯之选。

音响——看世界杯的知音,与液晶显示器搭配效果最佳,近距离享受音效。

鼠标——手感顺滑细腻,方便我们浏览图片或网页,为观看世界杯带来好心情。

键盘——世界杯在键盘上跳舞,激动时就敲键盘,就像拨弄着一只足球,我让它跳舞,它就跳舞,瞧,多乖! 嘻嘻～

一重奏:

全国六大区 普通快递 免运费

活动时间:2010 年 5 月 24 日—8 月 31 日

全场商品针对以下地区免运费:广东、北京、上海、浙江、江苏、福建

只要是普通快递能到的地方,优耶承诺:一律运费全免。

访问地址:×××。

二重奏:

活动当天 24 小时内,前 50 名消费者,可享受订单包邮并再获 5 元现金券!

机会难得,看您手快!

活动时间:2010 年 6 月 11 日

三重奏:

优耶促销优惠大行动,永不断续,一直体贴着您!

更多活动陆续上架,敬请期待!

引领数码时尚 畅响激情世界杯　访问:http://shop.paipai.com/976141092/

10.1.3　版面设计

1. 确定网页大小

按流行的配置 1024×768 像素,确定网页宽 1000 像素,高 600 像素,刚好在 IE 浏览器一屏内显示。

2. 确定颜色

虽然网店的整体颜色为灰黑色,如图 10-6 所示,但 MiniSite 可以选用适合活动主题的色调,而不是一贯的灰黑色,针对世界杯,选择足球场的绿色为主色调。

绿色色调参照:

3. 确定页面布局

MiniSite 的页面布局很重要,创意能否展现出来很大程度由布局决定。布局概要设计如图 10-7 所示。

4. 用 Photoshop 设计页面

(1) 打好底图,宽 1020 像素,高 6020 像素,分辨率选得高点儿,方便输出清晰图,如图 10-8 所示。

(2) 选一幅足球场的图片,取绿色草地部分,截成长方形,如图 10-9 所示。并将颜色用 Photoshop 的"图像"→"色阶"命令进行调节,直到变成想要的绿色为止,用它来做渐变平铺背景,如图 10-10 所示。

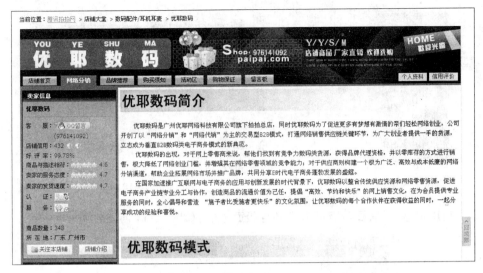

图   10-6

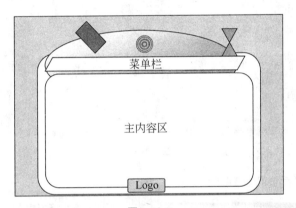

图   10-7

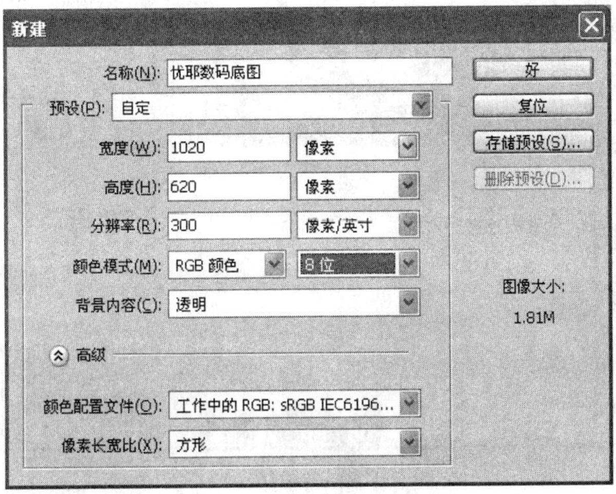

图   10-8

图 10-9

图 10-10

（3）利用钢笔工具、圆角矩形工具进行版面绘制，如图 10-11 所示。

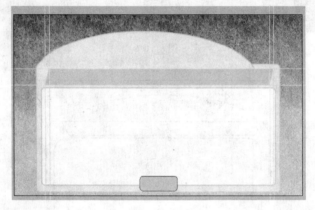

图 10-11

（4）导入素材图片进行处理后效果如图 10-12 所示。

图 10-12

（5）对模板页进行切片，切片时在图中放置内容的区域切一段可无限拉伸的图片，留给编辑长内容时使用,使用时将这些图设为它们所在表格的背景图片,并将表格的原图删除即可,如图 10-13 所示。

图 10-13

(6)将切片后的图片另存为 html 文件。

至此,版面设计基本完成,如图 10-14 所示,接下来就是根据不同的内容使用 Dreamweaver 修改模板文件,设置超级链接,完成功能部分的实现。

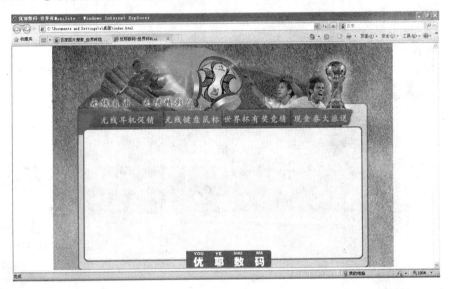

图 10-14

10.1.4 功能实现

这部分将对做好的模板页使用 Dreamweaver CS4 进行修改,修改网页的标题,使网页居中显示,为菜单增加热区(见图 10-15),设置好超级链接。

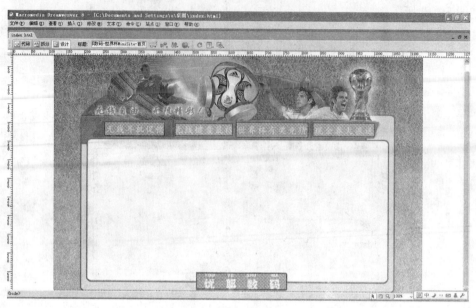

图　10-15

(1) 设置网页标题。HTML 标题的设置如图 10-16 所示。

图　10-16

(2) 选择所有的表格,然后在表格属性面板的"对齐"下拉列表中,选择居中对齐,如图 10-17 所示。

图　10-17

（3）加上现金券图片、无线耳机宣传图片、无线键盘鼠标宣传图片，引导入不同的产品，新建一个文件夹，整理这些网页文件，文件名分别为 index. HTML、index2. HTML、index4. HTML，图片文件夹 images 要与这些文件放在一起，如图 10-18 所示。

图　10-18

（4）用 ASP. NET(C♯)制作竞猜页面。

① 用 Access 建立数据库 db1. mdb，包含两个表，表 10-1 为 name 表，表 10-2 为 guess 表，其中 name 表的内容需要预先录入世界杯 32 强名单。

表　10-1

字段名	数据类型	备　注	字段名	数据类型	备　注
No	自动编号	队伍编号，主键	Sn	文本	队伍名称

表　10-2

字段名	数据类型	备　注	字段名	数据类型	备　注
Sno	自动编号	竞猜者序号，主键	S3	整数	季军队伍 id
Sn1	整数	冠军队伍 id	Mail	文本	竞猜者邮箱
Sn2	整数	亚军队伍 id			

② 环境准备。

下载并安装 Visual Studio 2008 express 学习版

网址：http://msdn. microsoft. com/zh-cn/express/default. aspx

③ 运行 VS2008 并打开上一步建立好的网站文件夹，如图 10-19 所示，在该网站上新建一个 Web 窗体，注意要选择编程语言为"Visual C♯"，如图 10-20 所示。

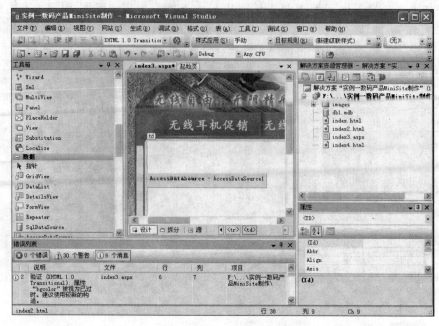

图   10-19

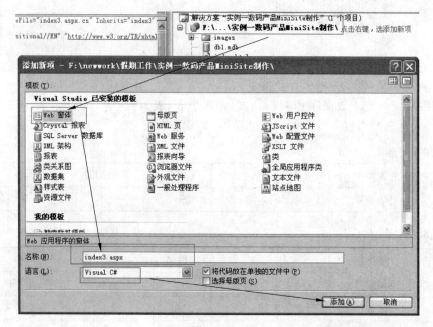

图   10-20

④ 使用数据库链接控件(见图 10-21),连接数据库文件 db1. mdb(见图 10-22)。

⑤ 设置三个标签控件,分别填入冠军、亚军、季军字样,如图 10-23 所示。

⑥ 设置三个 DropDownList 控件,分别放在冠、亚、季军后,如图 10-24 所示。

⑦ 分别设置这三个 DropDownList 控件与数据库源 AccessDataSource1 绑定,如图 10-25 所示。

图 10-21

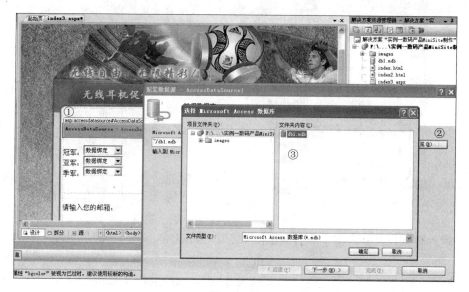

图 10-22

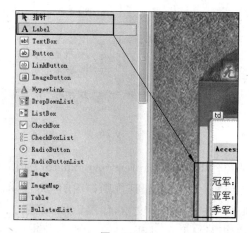

图 10-23

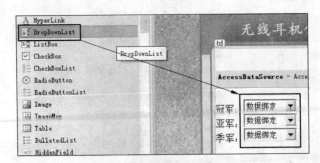

图 10-24

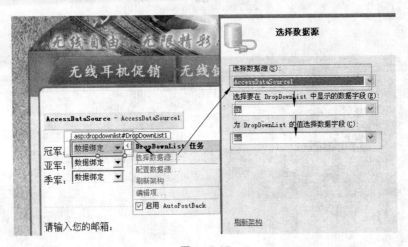

图 10-25

⑧ 插入标签控件和文本框控件,用来收集用户的邮箱,如图 10-26 所示。

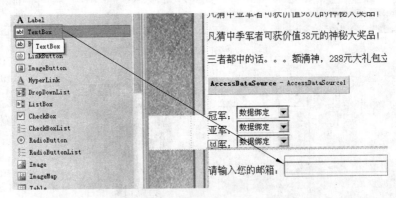

图 10-26

⑨ 加入电子邮箱验证控件 RegularExpressionValidator,如图 10-27 所示。

⑩ 设定验证对象和出错提示并设置验证规则如图 10-28 所示。

⑪ 将按钮控件放入底部,并设置提示文本,如图 10-29 所示。

⑫ 双击"提交竞猜"按钮,输入以下代码。

```
using System;
```

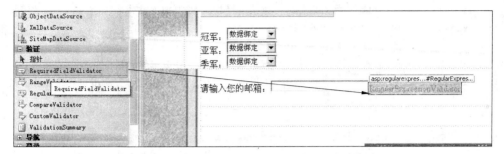

图 10-27

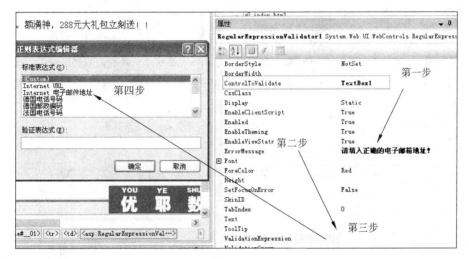

图 10-28

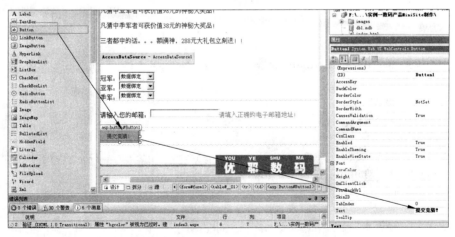

图 10-29

```
using System.Collections.Generic;

using System.Web;

using System.Web.UI;

using System.Web.UI.WebControls;
```

```
using System.Data.OleDb;        //以OleDb方式连接数据库,要加上此代码
public partial class index3 : System.Web.UI.Page
{
    static bool bCheck;          //声明一个布尔型变量,用于存放邮箱合法性的检查结果
    void CheckMail()             //创建一个不返回任何值的方法,用于检查新用户名是否已存在
    {

        OleDbConnection conn=new OleDbConnection();
        conn.ConnectionString="Provider=Microsoft.Jet.OleDb.4.0;"+"Data Source="+
            Server.MapPath("~/db1.mdb");            //数据库连接字段
        conn.Open();
        string strSQL="select * from guess where mail='"+TextBox1.Text+"'";
        OleDbCommand com=new OleDbCommand(strSQL, conn);
        OleDbDataReader dr=com.ExecuteReader();  //按所给条件查询数据库,看是否返回记录
        if (dr.Read())                           //有记录返回即为真,说明有重复
        {
            bCheck=false;
        }
        else
        {
            bCheck=true;
        }
        dr.Close();
        conn.Close();
    }
    protected void Page_Load(object sender, EventArgs e)
    {

    }
    protected void Button1_Click(object sender, EventArgs e)
    {
        CheckMail();
        if(!bCheck)
        {
            Response.Write("<script language=javascript>alert('同一个邮箱已经参与过本
            次活动,请耐心等候比赛结果。');</script>");
            return;
        }
        OleDbConnection conn=new OleDbConnection();
        conn.ConnectionString="Provider=Microsoft.Jet.OleDb.4.0;"+"Data Source="
        +Server.MapPath("~/db1.mdb");

        string strVal=" '"+DropDownList1.SelectedValue.ToString()+"','"+
        DropDownList2.SelectedValue.ToString()+"','"+DropDownList3.SelectedValue.
        ToString()+"','"+TextBox1.Text+"'";
```

```
string strIns= "insert into guess(sn1,sn2,sn3,mail) values("+ strVal+ ")";
                                      //获取用户选择的结果,并插入数据库

OleDbCommand insCom= new OleDbCommand(strIns, conn);
OleDbDataAdapter da= new OleDbDataAdapter();
conn.Open();
da.InsertCommand= insCom;
da.InsertCommand.ExecuteNonQuery();
Response.Write("< script language= javascript>alert('提交竞猜成功!');</script>");

    }
}
```

⑬ 运行效果如图 10-30 所示。

图　10-30

⑭ 竞猜管理页面设计。

a. 可以将 index3.aspx 拷贝一次,然后修改页面的重复区域,将表格里的图片变成背景图片,如图 10-31 所示。

b. 拉入 GridView 控件,用它来安装中奖结果,用默认的命名 GridView1、GridView2、GridView3,如图 10-32 所示。

c. 编写代码。

下面代码只是按钮点击后的事件,其他代码未列出,查询中奖也只是查询冠军的纪录,其余的代码类似,改一下就行。

```
protected void Button1_Click(object sender, EventArgs e)
{ if (TextBox1.Text != "GoodLuckYoyo")          //默认密码,区分大小写
    {
```

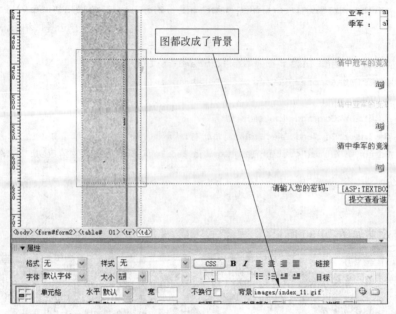

图　10-31

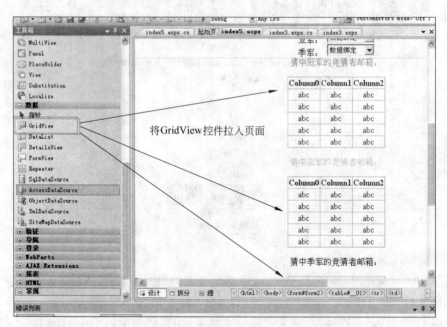

图　10-32

```
Response.Write("<script language=javascript>alert('密码错误!');</script>");
    return;
}
string strSQL1;
strSQL1="select * from guess where sn1="+DropDownList1.SelectedValue.ToString();
OleDbConnection conn=new OleDbConnection();
conn.ConnectionString="Provider=Microsoft.Jet.OleDb.4.0;"+"Data Source="+
```

```
        Server.MapPath("~/db1.mdb");              //连接数据库
conn.Open();
OleDbCommand com= new OleDbCommand(strSQL1, conn);
    OleDbDataReader dr=com.ExecuteReader();  //执行查询
GridView1.DataSource=dr;                             //将查询结果填充入 GridView1 控件
GridView1.DataBind();
if (GridView1.Rows.Count ==0)
{
    Response.Write("<script language=javascript>alert('未找到猜中冠军的纪录！
        ');</script>");
}
conn.Close();
}
```

运行效果如图 10-33 所示。

图　10-33

至此,我们基本上完成了这个 MiniSite 的设计和制作。

10.2　企业网站设计实例

上一个 MiniSite 网站制作实例,我们已经将一个较完整的网站完成了,但它只是一个结构简单的专题式网站。在实际的网站制作中,我们会遇到更复杂的网站,例如电子商务交易网站、新闻网站、论坛网站、交友网站、企业网站等,在这些网站里,又以企业网站的制作需求量为最大,本节实例将以一个对互联网依赖较高的计算机公司为蓝本,制作一个企业网站。

10.2.1　制作企业网站要注意什么

在了解制作企业网站要注意的内容之前，我们先来简单认识下一个典型的网站建设流程：

- 建设网站前的市场分析。
- 建设网站的目的及功能定位。
- 网站技术解决方案。
- 网站内容规划。
- 网页设计。
- 网站维护。
- 网站测试。
- 网站发布与推广。
- 网站建设日程表。
- 费用预算。

建设一个完整的企业网站，上面的步骤是必不可少的，而且要注意企业网站与普通网站制作不可一概而论，有一些问题是在制作企业网站时必须要注意的，否则，做出的网站企业不满意，实际使用效果也不好。

1. 对企业网站制作的目标和用户需求要有明确的分析

企业网站是展现企业形象、介绍产品和服务、体现企业发展战略的重要途径，因此必须明确设计站点的目的和用户需求，从而做出切实可行的设计计划。要根据消费者的需求、市场的状况、企业自身的情况等进行综合分析，网站的最终目的是赢利，是给消费者提供信息的，牢记以"消费者（customer）"为中心进行设计规划。

如果你的目标市场是那些富有的商业专业人士，那么网站设计应大方得体，简洁易用；但如果是以年轻人为客户群体，则可以把版面做的生动活泼一些。总之要因人而异。要记住：网站是要让目标客户看的，并吸引他们购买，所以永远要把客户的感受放在第一位。

在设计规划时要考虑：建设网站的目的是什么？为谁提供服务和产品？企业能提供什么样的产品和服务？网站的目的消费者和受众的特点是什么？企业产品和服务适合什么样的表现方式（风格）？

2. 企业网站建设总体设计方案主题鲜明

目标明确了，下一步就是网站的构思创意即总体设计方案。对网站的整体风格和特色作出定位，规划网站建设的组织结构。网站应针对所服务对象的不同而具有不同的形式。有些站点只提供简洁文本信息；有些则采用多媒体表现手法，提供华丽的图像、闪烁的灯光、复杂的页面布置，甚至可以下载声音和录像片段。网站要做到主题鲜明，要点突出，以简单明确的语言体现站点的主题。

3. 企业网站建设的版式设计

企业网站建设要讲究编排和布局，虽然主页的设计不等同于平面设计，但它们有许多相近之处。通过文字图形的组合，表达出和谐与美。一个优秀的网站建设者也应该知道哪一段文字、图形落于何处，才能使整个网页生辉。

4．色彩在企业网站建设中的作用

网站给用户留下第一印象的既不是网站丰富的内容，也不是网站合理的版面布局，而是网站的色彩。不同的色彩搭配会产生不同的效果，并可能影响到访问者的情绪。一个网站设计成功与否，在某种程度上取决于设计者对色彩的运用和搭配。因而确定网站的标准色彩是相当重要的一步。

色彩的数量：网站整体使用色彩以两到三种为宜。颜色过多会使网页看起来很花哨，但缺乏内在的美感。在颜色选择和搭配上可借鉴一些国际大公司网站，他们对颜色的选择相当审慎。

色彩的搭配：色彩搭配一定要合理，给人以和谐愉快的感觉。一般来说，适合于网页标准色的颜色有蓝色、黄/橙色、黑/灰/白色三大系列色。在颜色的搭配上，有几种比较经典的方案：红/黄/白；蓝/白；红/灰/白；蓝/橙/白；黄/灰/白。实在不行就去 Google 一下吧，找一个自己喜欢的网站，看看人家的颜色是怎么搭配的，或许会对你有很大启发。

其他注意事项：避免采用纯度很高的单一色彩，这样容易造成视觉疲劳。避免使用过于明亮或对比过于强烈的颜色，它们会对眼睛造成伤害，如白底黄字等。颜色对比过于接近或不合理的，如深底浅字、深底深字等（例如深蓝色底和黑字）也是设计之大忌。建议最好用浅色背景（当然白色最好），黑或深色文字。

5．企业网站建设的形式与内容相统一

要将丰富的意义和多样的形式组织成统一的页面结构，形式语言必须符合页面的内容，体现内容的丰富含义。运用对比与调和、对称与平衡、节奏与韵律以及留白等手段，通过空间、文字、图形之间的相互关系建立整体的均衡状态，产生和谐的美感。如对称原则在页面设计中，它的均衡有时会使页面显得呆板，但如果加入一些富有动感的文字、图案，或采用夸张的手法来表现内容往往会达到比较好的效果。

6．企业网站建设的三维空间的构成和虚拟现实

网络上的三维空间是一个假想空间，这种空间关系需借助动静变化、图像的比例关系等空间因素表现出来。在页面中，图片、文字位置前后叠压，或页面位置变化所产生的视觉效果都各不相同。图片、文字前后叠压所构成的空间层次目前还不多见，网上更多的是一些设计比较规范、简明的页面，这种叠压排列能产生强节奏的空间层次感，视觉效果强烈。

7．企业网站建设的多媒体功能的利用

网络资源的优势之一是多媒体功能。若要吸引浏览者的注意力，页面的内容可以用三维动画、Flash 等来表现。但要注意，由于网络带宽的限制，在使用多媒体的形式表现网页的内容时应考虑客户端的传输速度。

8．企业网站建设测试和改进

测试实际上是模拟用户询问企业网站建设的过程，用以发现问题并改进设计。要注意让用户参与网站测试。

9．企业网站建设的内容更新

企业网站建成后，要不断更新内容。站点信息的不断更新，是让浏览者了解企业的发展动态，同时也会帮助企业建立良好的形象。

10．企业网站建设针对搜索引擎优化

搜索引擎优化这方面在企业网站设计里显得越来越重要，设计好的网站能顺利被搜索

引擎抓取,并且相关关键字能排在较前的位置,可以为网站带来大量的访客,极大地推进企业产品的销售。

(1) 内容安排要合理。搜索引擎对页面简单、内容一成不变的网站一点也不感兴趣,例如很多企业网站模块就是主页、联系我们、关于我们、董事长的话、我们的宗旨。这些网站搜索引擎光顾一次后,就极少再次光顾,搜索相关关键字排名也很低。

企业网站最重要的是:要给访客提供更多的解决问题的有用的信息。在访客浏览你的网站的过程当中,能被你的网站吸引,让访客感觉你的网站能够给他提供一些很有用的信息,而不仅仅只是企业的网络广告,这样才会让访客对你的网站产生好感,让顾客在了解你的产品之前就对企业建立了一种信赖感,进而访客会主动了解你的产品,信赖你的产品,这时候访客就会主动地购买企业的产品或者服务。建立信誉之后,这些访客会在享受企业的产品和服务的同时,会顺便宣传(包括亲戚朋友和网络友人)你的产品,同时他们还会努力地搜索你的企业的其他产品,并且将这些链接放在论坛、空间、留言板等搜索引擎可以访问到的地方,这样可以增加网站的链接数,让搜索引擎觉得你的网站有很多重要的内容。

(2) 有了大量的内容,你才能够在客户的心里建立良好的信誉和权威的地位。还用上面的例子,如果按照网站介绍的方法,做出了好吃的回锅肉,又做出了好吃的牛肉干,这个网站所销售的菜谱才会有吸引力。因为你已经证明了你的信息和产品是有用的。没有前面的大量内容做铺垫,你就没有机会向客户证明这一点。

由于不同的搜索引擎在网页支持方面存在差异,因此在设计网页时不要只注意外观漂亮,许多平常设计网页时常用到的元素到了搜索引擎那里会产生问题。

(1) 框架结构(Frame Sets)与关键字设置。大多数的搜索引擎不能“读懂”使用帧结构的网页,就像古老的浏览器看不懂构建框架结构的说明网页,但可利用 noframe tags 来解决问题。在 noframe tags 中加入文本信息,告诉不支持帧结构的浏览器某些信息,更重要的是,要在其中加入引导搜索引擎继续访问网页的链接,以便搜索引擎索引全部网页(noframe tags 中的文本对支持帧结构的浏览器来说将被忽略)。

因此,建设企业网站时,要抛弃框架结构,并且每一个页面都要做好关键字设置,例如网站标题、网页内容描述这些必须要具备,如果技术条件允许的话,在网站标题里加入该页面的关键字。

(2) 图像区块(Image Maps)。除 AltaVista、Google 和 Northern Light(现已停止公共搜索服务)明确支持图像区块链接外,其他引擎是不支持它的。当“蜘蛛”程序遇到这种结构时,往往会感到茫然不知所措。因此尽量不要设置 Image Map 链接。

(3) 特效链接。我们经常看到有些网站为导航链接加上了特效,如点击某个项目会展开下层链接等。这些效果一般通过 JavaScript 实现,视觉上非常新颖,但在“蜘蛛”程序的眼里则没那么诱人,相反它无法解读这种链接。为了让搜索引擎顺利检索到你的网页,建议还是牺牲掉一些花哨的东西。

(4) Flash。虽然 Flash 制作的网页视觉效果较好,但这一类的网站很难被百度搜索引擎索引。明智的做法是提供 Flash 和非 Flash 网页两种选择,这样既增加了网页的观赏性,又照顾到了搜索引擎的情绪。

(5) 加密网页。所谓加密一般是通过 Unicode 码的转换实现的,但经过实验,中文文字太多会导致你的页面代码变得很大,英文反而会有压缩效果,这是因 Unicode 码转换导致的。加密后的网页能够正常在 Internet Explorer 或者 Netscape Navigator 中浏览,但是源代码无法正常编辑或查看,这样能够有针对性的保护你的重要 HTML 文件。除非你不希望搜索引擎检索你的网页,否则不要给你的网页加密。

(6) 网页容量与链接要科学。包括图像在内的网页字节数最好不要超过 50KB。体型庞大的网页下载速度慢,不仅会让普通访问者等得心急如焚,也会导致网页的浏览率下降,从而影响企业的宣传效果。搜索引擎抓取缓慢也会为网站排名减分。

切忌设计页面时留有空链接或是死链接,这些会大大影响搜索排名,一个科学合理的层进式链接架构,可以更利于搜索引擎快速、全面地抓取网站的内容。

(7) 独立域名与付费虚拟主机。目前搜索引擎都不愿收录位于免费主页空间上的网站。部分搜索引擎还会根据域名的后缀对网站进行加减分,.com 域名为最优,其他域名后缀均会有不同程度的加分或减分。网速快、稳定的服务器 IP,也会作为搜索排名的一个考虑点。

10.2.2　需求分析

在 9.4 节网站设计流程里,我们已经学习了网站建设流程,了解到需求分析是很重要的一个环节。

一般来说,按网站制作任务流程来说,客户会先提出一个基本要求,然后我们需要再与客户详细沟通,了解企业的情况,根据这些情况确定网站制作的最终要求。

本实例是一家名叫闪电电脑科技的电脑公司,客户一开始提的网站制作要求很简单:制作公司网站,展示公司信息、服务内容、产品图片。经过详细了解,该公司以计算机维修业务为主,辅助销售数码产品,但该公司的位置较偏僻,想在网络上打广告接业务,提供上门服务。

根据对该企业网站建设的需求,分析得到网站的基本功能如下:

(1) 企业简介:这个功能是必不可少的,收集企业的信息,整理出规范的图文描述,在网站上合理放置。

(2) 新闻中心:为了增加网站的内容,使搜索引擎经常来访,新闻中心必不可少,可以放企业新闻、活动报道,也可以放些企业的技术经验类的文章。

(3) 网上下订单:该企业是要实现网上下订单,然后上门服务的,所以这个功能必须要有。

(4) 求助中心:为培养顾客的忠诚度,在网站设立求助中心这个模块中,员工利用空余时间,免费为注册会员解答问题,解决一些小问题。

(5) 产品展示:该公司兼顾网上销售产品,所以产品展示并下订单的功能必不可少。

(6) 网上支付:这是发展到一定阶段才需要加入的功能,可预留接口。

(7) 网上调查:用来收集访客对公司网站、产品的意见,这个功能可在网站运营正常后加上。

(8) 会员俱乐部:通过顾客注册的信息,定期发送电子邮件,建立会员俱乐部,为顾客提供更多额外的增值服务,以增强用户的粘性。这部分功能可以在积累了一定用户后增加。

10.2.3 数据库设计

根据系统需求分析的结果,进行数据库字典的设计,可以设计若干二维表,这些表可以用来建立表结构,编程时可以作为参考。属性 PK 为主键,FK 为外键约束,Not null 代表不允许为空值。具体有关数据库的知识可以查看相关资料。

表名为 Userinfo,该表用于保存用户信息,如表 10-3 所示。

表 10-3

字 段 名	类 型	属 性	说 明
uid	Int	PK,Not null	自动增长格式编号
uemail	varchar(50)	Not null	用户邮箱,作登录名
urealname	Nvarchar(20)	Not null	真实姓名
upassword	varchar(12)	Not null	登录密码
uaddress	Nvarchar(128)	Not null	用户住址
upostcode	varchar(6)	null	邮政编码
uphone	varchar(16)	null	联系电话
ucount	Decimal(18,2)	null	用户积分统计
uregdatetime	datetime	null	用户注册时间

表名为 AdminUserinfo,该表用于保存管理员用户信息,如表 10-4 所示。

表 10-4

字 段 名	类 型	属 性	说 明
Auid	Int	PK,Not null	自动增长格式编号
Auemail	varchar(50)	Not null	管理员邮箱,作登录名
Aurealname	Nvarchar(20)	Not null	真实姓名
Aupassword	varchar(12)	Not null	登录密码
Auaddress	Nvarchar(128)	Not null	用户住址
Aupostcode	varchar(6)	null	邮政编码
Auphone	varchar(16)	null	联系电话
Aulevel	Int	null	管理员权限
Aucreatedatetime	datetime	null	管理员创建时间

表名为 CompanyInfo,该表用于保存企业网站系统信息,如表 10-5 所示。

表　10-5

字 段 名	类 型	属 性	说 明
Cid	Int	PK,Not null	自动增长格式编号
Ctitle	Nvarchar(50)	null	网站标题
Cdescribe	Nvarchar(100)	null	网站描述(搜索引擎用)
Ccontent	ntext	null	企业简介
Cnotice	ntext	null	网站公告信息
Ccopyright	ntext	null	网站版权
Fdelaytime	Int	Not null	Flash 广告切换时间(秒)

表名为 Flashbanner,该表用于保存 Flash 广告栏信息,如表 10-6 所示。

表　10-6

字 段 名	类 型	属 性	说 明
Fid	Int	PK,Not null	自动增长格式编号
Ftitle	Nvarchar(50)	Not null	广告标题
Fpic	Nvarchar(255)	Not null	展示图片地址
Flink	Nvarchar(255)	Not null	广告跳转链接
Forder	Int	Not null	广告排序

表名为 link,该表用于保存友情链接信息,如表 10-7 所示。

表　10-7

字 段 名	类 型	属 性	说 明
Lid	Int	PK,Not null	自动增长格式编号
Ltitle	Nvarchar(50)	Not null	网站标题
Lpic	Nvarchar(255)	Not null	Logo 地址
Llink	Nvarchar(255)	Not null	链接网址
Lorder	Int	Not null	友情链接排序

表名为 Producttype,该表用于保存商品分类信息,如表 10-8 所示。

表　10-8

字 段 名	类 型	属、性	说 明
PTid	Int	PK,Not null	自动增长格式编号
PTtypename	Nvarchar(50)	null	商品分类名称
PTmemo	ntext	null	分类描述

表名为 ProductInfo,该表用于保存商品信息,如表 10-9 所示。

表　10-9

字 段 名	类 型	属 性	说 明
Pid	Int	PK,Not null	自动增长格式编号
PTid	Int	FK,not null	商品类型
Pname	Nvarchar(128)	Not null	商品名称
Pprice	decimal(18,2)	Not null	价格
PminPicURL	Nvarchar(255)	null	商品缩略图地址
PpicURL	Nvarchar(255)	Null	商品图片地址
Pdescription	ntext	null	商品内容简介
Psales	Int	null	售出情况统计
Pstock	Int	null	库存情况统计
PaddadminID	Int	Not null	添加管理员 id
Pdate	Datetime	Not null	入库时间

表名为 Newstype,该表用于保存新闻分类信息,如表 10-10 所示。

表　10-10

字 段 名	类 型	属 性	说 明
NTid	Int	PK,Not null	自动增长格式编号
NTtypename	Nvarchar(50)	null	新闻分类名称
NTmemo	ntext	null	新闻分类描述

表名为 News,该表用于保存新闻内容,如表 10-11 所示。

表　10-11

字 段 名	类 型	属 性	说 明
Nid	Int	PK,Not null	自动增长格式编号
NTid	Int	FK,not null	新闻类型
Ntitle	Nvarchar(128)	Not null	新闻标题
Ncontent	Ntext	Not null	新闻内容
NadminID	Int	FK,null	添加新闻管理员
Ndatetime	Datetime	Not Null	添加新闻时间

表名为 AskMessage,该表用于保存求助留言,如表 10-12 所示。

表 10-12

字 段 名	类 型	属 性	说 明
Aid	Int	PK,FK,Not null	自动增长格式编号
Auid	Int	PK,FK,Not null	提问者 id
Acaption	Nvarchar(50)	null	留言求助标题
Acontent	ntext	null	留言求助内容
Apublishdate	datetime	null	发表时间

表名为 ReplyMessage，该表用于保存回复求助，如表 10-13 所示。

表 10-13

字 段 名	类 型	属 性	说 明
Rid	Int	PK,FK,Not null	自动增长格式编号
Raid	Int	PK,FK,Not null	回复求助内容的 id
Radminid	Int	PK,FK,Not null	回复求助管理员 id
Rcontent	ntext	null	回复求助的内容
Rpublishdate	datetime	null	发表时间

表名为 Orders，该表用于保存订单信息表，如表 10-14 所示。

表 10-14

字 段 名	类 型	属 性	说 明
oid	Int	PK,Not null	自动增长格式编号
OPid	int	FK,Not null	商品编号
Ouid	Int	FK,Not null	用户编号
Oquantity	Int	Not null	购买数量
Ostatus	int	Not null	订单状态：0 可修改，1 处理中，2 完结，3 撤销
Oorderdate	datetime	Not null	订单生成时间
OadminId	Int	FK,null	处理管理员
Ooperationdate	datetime	null	处理时间
Ooperationtype	Varchar(20)	null	处理类型：已付款，已发货，已取消

在 SQL Server 2005 管理器里新建数据库，如图 10-34 所示。

按照上面的数据字典，创建表结构，如图 10-35 所示。

仿照上述操作创建好其余各表，图 10-36 所示为创建完成的数据库，在正式使用之前，建议使用 SQL Server 2005 管理器为里面每一个表添加一组测试数据，用来检验数据类型是否准确输入，各表之间的限制有没做好。同时，在后面进行系统功能设计时，初始数据也

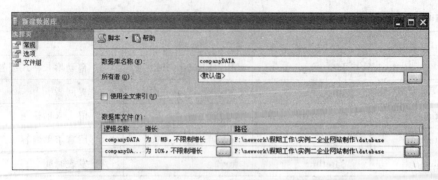

图 10-34

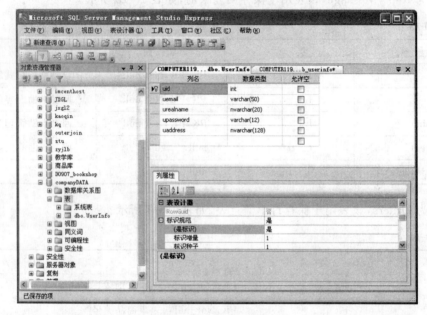

图 10-35

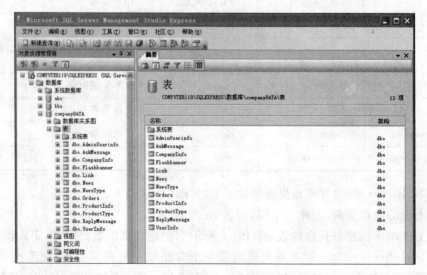

图 10-36

是必须要有的。

　　图 10-37 所示为存在关系的表间关系图。

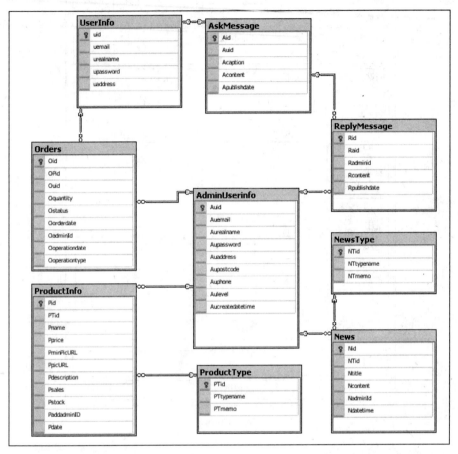

图　10-37

　　在这节知识里，要特别注意数据表结构的设计。对于数据表结构的设计，除了要考虑字段、字段大小外，特别要注意对每个字段默认值和有效性规则的设定，因为如果设置不当的话，在网页访问数据库时很可能出现错误。

10.2.4　版面设计

　　根据需求分析的结果，参照 8.4 节关于网站界面规划等的知识，建立网站的各个基本页面。一般企业网站模块主要包含企业简介模块、新闻模块、产品模块、下载模块、图片模块、招聘模块、在线留言、反馈系统、在线交流、友情链接、网站地图、会员与权限管理，但要根据实际企业需求而定，本实例里，主要用到企业简介、新闻、产品、留言求助、友情链接、会员、订单管理等模块。

1. 先勾勒版面的大致架构

　　图 10-38 所示为网站首页。本首页的设计非常中规中矩，因为该企业的业务是以技术服务为主。Logo 要放在显眼位置，右顶部放置问候语，查看购物车、收藏等以顾客为中心的

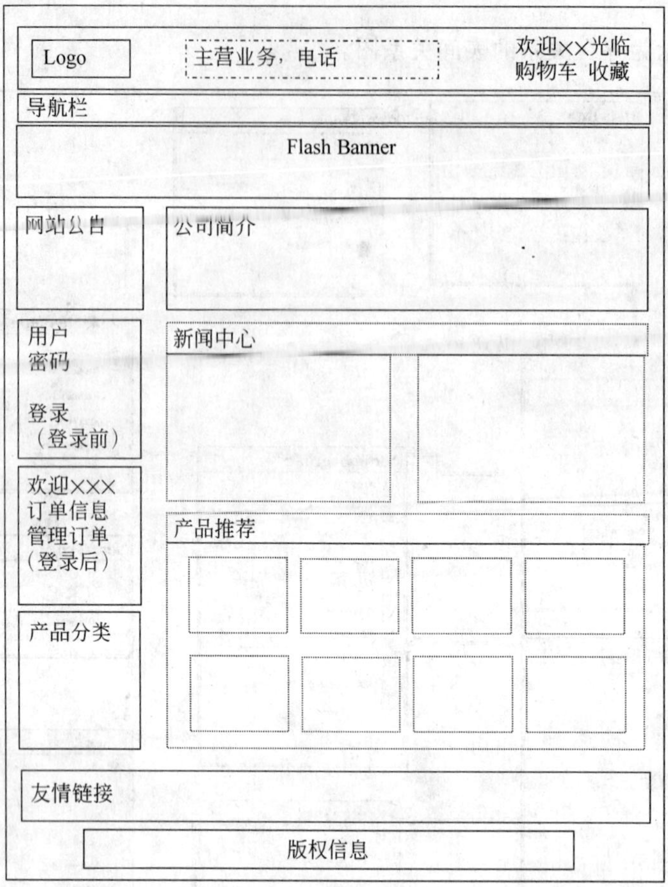

Logo	主营业务，电话	欢迎××光临

导航栏

Flash Banner

网站公告	公司简介
用户 密码 登录 （登录前）	新闻中心
欢迎××× 订单信息 管理订单 （登录后）	产品推荐
产品分类	

友情链接

版权信息

图　10-38

内容，若有必要，可以加上检索的功能。

Flash Banner 占据了比较显眼的位置，这是为了宣传企业经营特色而设置的，里面可以放置多张图片，按一定时间相继切换，打造深入人心的企业形象。

网站公告主要突出当前企业较新、较重要的通告，其内容可以由新闻中心里抽取出来。接下来就是方便客户登录的登录框，登录之后的用户会在相同位置显示客户的相关信息和订单。

登录框下面设置产品分类或是热门产品，可以吸引顾客访问产品。

其余的页面，以首页风格为蓝本进行内容增删即可，各页面风格要统一，避免混乱。

2. 企业形象设计与色彩选择

该公司成立时间较短，企业形象（VI）还没建立，这时就要求我们进行简单的形象设计和企业色彩选择。

下面是该企业的一些简单信息：

企业名称：闪电电脑维修中心

网址：www.flash9pc.com

根据企业提供的信息设计一个简单的网站 Logo，也是企业标志，如图 10-39 所示。

图　10-39

此企业标志以蓝色、橙色为主,色彩简单,对比强烈,表达的内容清晰。

企业 VI 色调以代表高科技的浅蓝色为主,以橙色、白色为辅。

3. 网站效果图

请读者根据第 4 章的网页制作知识并根据初定框架进行界面设计,效果可以自由发挥。

10.2.5 功能实现

在数据库设计和版面设计都完成后,就可以进行系统的详细设计了。本实例里,只对重要模块的制作进行讲解,读者可在学完后自行对本系统进行完整设计。

1. ASP.NET 批量建立数据库连接

以本实例为例,若用传统的数据库链接字符串,数据库链接字符串如果要改变,就需要对每一个页面进行编辑,为了简化操作,让整站统一,可以将该变量存在 web.config 设置里,编辑网站根目录下的 web.config 文件,在<appSettings/> 后添加以下数据库连接字段:

```
<connectionStrings>
    <add name="SQL" connectionString="Data source=(local);Initial Catalog=CompanyData
Security=True" />
    </connectionStrings>
```

在连接数据库字段里面,用下面的代码进行读取:

```
string connectionString=ConfigurationManager.ConnectionStrings["SQL"].ConnectionString;
    //用 configurationmanager 来读取 SQL 连接字符串
    SqlConnection con=new SqlConnection(connectionString);
```

2. 在 ASP.NET 里使用母版页

根据版面设计阶段制作好的版面框架,添加上颜色和图片素材,将它导出为 HTML 文件。然后将这部分的所有文件添加入 ASP.NET 项目里,在此 HTML 页的基础上,建立母版页,操作步骤如图 10-40 所示。

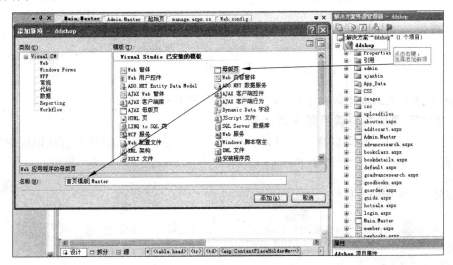

图 10-40

根据网站内容编辑母版页,将固定栏目的内容设置为母版页,可改动的内容用 ContentPlaceHolder 进行设定,如图 10-41 所示。

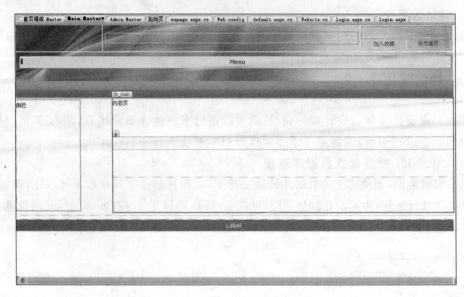

图　10-41

其余页面在新建时选择添加"web 内容窗体",它可以让你选择可使用的母版页,如图 10-42 所示。

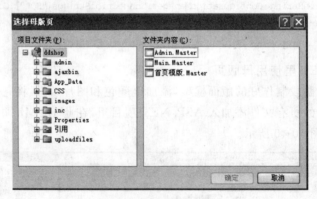

图　10-42

然后在新建的页面里添加上页面的内容即可,如图 10-43 所示。

3. HTML 页面内容调用服务器变量

在 HTML 代码里,可以通过<%%>执行 ASP.NET 代码,将服务器环境变量读取出来放置到 HTML 里面。代码如下:

```
<title>闪电电脑<%if(Session["tb_username"]!=null)
  {
    Response.Write("--尊敬的"+Session["tb_username"]+",欢迎您!");
  }
    else
```

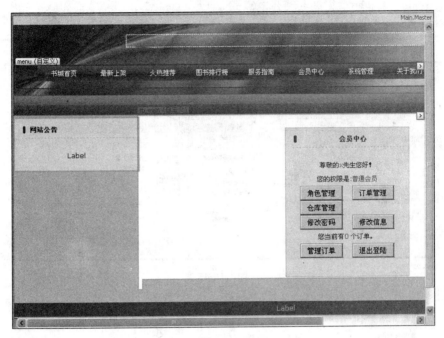

图 10-43

```
{
    Response.Write("--欢迎光临,请先注册或登录,以获得更好的服务。");
}%></title>
```

4. 为数据库控件添加自定义按钮,可以对订单进行操作,如图 10-44 和图 10-45 所示

图 10-44

为访问带参数的 aspx 网页,id 的值由数据列的第一位值赋予。

5. 添加数据例子,版面如图 10-46 所示

预先定义好一个类,用来读写数据,下面的代码示例是写入数据的类:

```
public static int SaveBClassToDb(BClass bclass)
{
    //读取数据库连接字符串
```

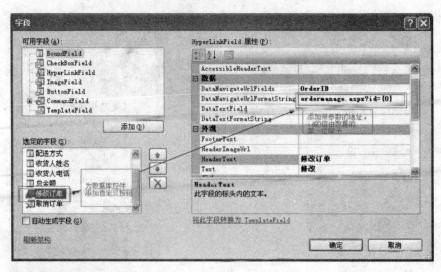

图 10-45

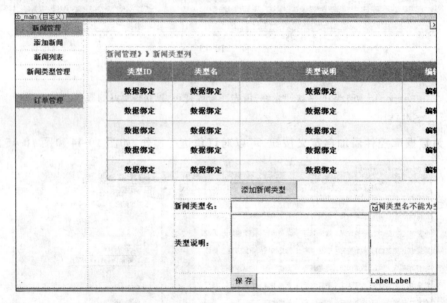

图 10-46

```
string  connectionString = ConfigurationManager. ConnectionStrings [ " SQL "].
  ConnectionString;
//表示到数据库的一个连接
SqlConnection con=new SqlConnection(connectionString);
//构建一个用于执行 SQL 命令的 SqlCommand 对象
SqlCommand cmd=new SqlCommand();
//设置连接对象
cmd.Connection=con;
//设置要执行的命令
cmd.CommandText="Inserttb_Class";
//设定命令类型为存储过程
```

```csharp
cmd.CommandType=System.Data.CommandType.StoredProcedure;
cmd.Parameters.AddWithValue("@ClassName", bclass.ClassName);
cmd.Parameters.AddWithValue("@Memo",bclass.Memo);
//结果的参数
SqlParameter para=new SqlParameter();
para.Value=0;
para.ParameterName="@Result";
para.SqlDbType=System.Data.SqlDbType.Int;
//指定参数为输入/输出参数
para.Direction=System.Data.ParameterDirection.InputOutput;
cmd.Parameters.Add(para);
try
{
    //打开到数据库的连接
    con.Open();
    //执行命令
    cmd.ExecuteNonQuery();
    return (int)para.Value;
}
catch (Exception)
{
    throw;
}
finally
{
    con.Close();
    cmd.Dispose();
}
}
```

然后在双击添加按钮后,Cs 文件代码如下:

```csharp
string className=ClassNameTextBox.Text;
    string memo=MemoTextBox.Text;
    BookShop.BClass bclass=new BookShop.BClass(className, memo);
                                                    //调用自定义的数据存储函数
    int result=BookShop.BClass.SaveBClassToDb(bclass);     //获取结果
    if (result==1)
    {
        //用户名已经存在
        ClientScript.RegisterStartupScript(GetType(), "ClassNameExists",
        "alert('该新闻类别已经存在!!!');", true);
    }
    else
    {
        //操作成功
```

```
bind();
ClientScript.RegisterStartupScript(GetType(), "ClassNameExists",
"alert('保存成功!');", true);
}
```

6. 使用 CKEditor 编辑 HTML 内容

CKEditor 是款免费的 Web 编辑控件，利用它可以编辑很精美的 HTML 文档，如图 10-47 所示。

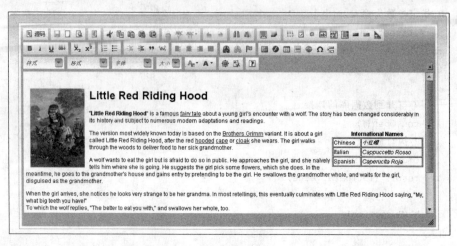

图　10-47

嵌入 ASP.NET 的步骤如下：

（1）下载 CKEditor 放到网站目录下。（地址：http://ckeditor.com/）

（2）引用 js：

```
<script language="javascript" type="text/javascript" src='<%=ResolveUrl("~/ckeditor/
ckeditor.js")%>'></script>
```

（3）添加一个编辑框：

```
<asp:TextBox ID="mckeditor" runat="server" TextMode="MultiLine"></asp:TextBox>
```

（4）在步骤（3）创建的编辑框下面添加如下代码。

```
<script type="text/javascript">
//<![CDATA[
CKEDITOR.replace( '<%=mckeditor.ClientID %>',
                //mckeditor.ClientID 为 TextBox mckeditor 生成的对应客户端看到的 id
{
skin : 'office2003',                    //设置皮肤
enterMode : Number(2),                  //设置 enter 键的输入 1.<p>2 为<br/>3 为<div>
shiftEnterMode : Number(1),             //设置 shiftenter 的输入
});
//]]>
</script>
```

经过以下步骤基本功能已经完成了,但是有的时候我们要上传文件,CKEditor 的文件功能是通过插件实现的,下面介绍插件 CKFinder 的配置方法:

(1) 到 http://www.ckfinder.com/下载插件(注意选择 ASP.NET 版的),放到网站目录下。

(2) 在之前的 CKEditor 配置信息后面添加如下代码:

```
filebrowserBrowseUrl:'<%=ResolveUrl("~/ckfinder/ckfinder.HTML")%>',
filebrowserImageBrowseUrl:'<%=ResolveUrl("~/ckfinder/ckfinder.HTML?Type=Images")%>',
filebrowserFlashBrowseUrl:'<%=ResolveUrl("~/ckfinder/ckfinder.HTML?Type=Flash")%>',
filebrowserUploadUrl:'<%=ResolveUrl("~/ckfinder/core/connector/aspx/connector.aspx?
command=QuickUpload&type=Files")%>',
filebrowserImageUploadUrl:'<%=ResolveUrl("~/ckfinder/core/connector/aspx/connector.
aspx?command=QuickUpload&type=Images")%>',
filebrowserFlashUploadUrl:'<%=ResolveUrl("~/ckfinder/core/connector/aspx/connector.
aspx?command=QuickUpload&type=Flash")%>'
```

(3) 修改 config.ascx 文件中的代码 BaseUrl = "/uploads/" (文件上传目录) 和 CheckAuthentication()上传身份验证。

(4) 删除示例文件夹中的 fckeditor 相关的文件。(引用了 fckeditor 相关的命名空间)

有 fckeditor.aspx、popup.aspx、popups.aspx 三个文件之后使用就基本没问题了,但是如果项目中有几个地方都用到了编辑器,就要每个地方都写一段配置信息,这样做很麻烦,所以做了个简单的控件,名为 mpckeditor.ascx,代码如下:

ascx 文件:

```
<%@ Control Language="C#" AutoEventWireup="true" CodeFile="mpckeditor.ascx.cs"
Inherits="mpckeditor" %>
<script language="javascript" type="text/javascript" src='<%=ResolveUrl("~/
ckeditor/ckeditor.js")%>'></script>
<asp:TextBox ID="mckeditor" runat="server" TextMode="MultiLine"></asp:TextBox>
<script type="text/javascript">
//<![CDATA[
CKEDITOR.replace('<%=mckeditor.ClientID %>',
{
skin : 'office2003',
enterMode : Number(2),
shiftEnterMode : Number(1),
filebrowserBrowseUrl:'<%=ResolveUrl("~/ckfinder/ckfinder.HTML")%>',
filebrowserImageBrowseUrl:'<%=ResolveUrl("~/ckfinder/ckfinder.HTML?Type=Images")%>',
filebrowserFlashBrowseUrl:'<%=ResolveUrl("~/ckfinder/ckfinder.HTML?Type=Flash")%>',
filebrowserUploadUrl:'<%=ResolveUrl("~/ckfinder/core/connector/aspx/connector.aspx?
command=QuickUpload&type=Files")%>',
filebrowserImageUploadUrl:'<%=ResolveUrl("~/ckfinder/core/connector/aspx/connector.
aspx?command=QuickUpload&type=Images")%>',
filebrowserFlashUploadUrl:'<%=ResolveUrl("~/ckfinder/core/connector/aspx/connector.
aspx?command=QuickUpload&type=Flash")%>'
```

```
});
//]]>
</script>
```

Cs 文件：

```
using System;
using System.Data;
using System.Configuration;
using System.Collections;
using System.Web;
using System.Web.Security;
using System.Web.UI;
using System.Web.UI.WebControls;
using System.Web.UI.WebControls.WebParts;
using System.Web.UI.HTMLControls;
public partial class mpckeditor : System.Web.UI.UserControl
{
public string value
{
set { mckeditor.Text=value; }
get { return mckeditor.Text; }
}
protected void Page_Load(object sender, EventArgs e)
{
}
```

使用的地方只要把上步建立的 mpckeditor. ascx 控件拖进来，后台代码页 Mpckeditor1. value 就可以给它赋值或获取值。

代码如下：

```
<uc1:mpckeditor id="Mpckeditor1" runat="server" value="测试"></uc1:mpckeditor>
protected void Button1_Click(object sender, EventArgs e)
{
Response.Write ("< script language = ' javascript ' > alert ('" + HttpUtility. HTMLEncode
(Mpckeditor1.value)+";')</script>");
}
```

效果如图 10-48 和图 10-49 所示。

最后，将该控件的值保存到数据库中，然后再在页面里读取出来，就可以显示 HTML 代码。

7. 从数据库里获得数据并输出到页面

在前面讲完数据库内容的增加、删除后，现在要实现数据库数据输出到页面中，使用以下代码可完成从数据库读取网站的版权信息。

```
string connectionString=ConfigurationManager.ConnectionStrings["SQL"].ConnectionString;
```

图 10-48

图 10-49

```
//表示到数据库的一个连接
SqlConnection con= new SqlConnection(connectionString);
//构建一个用于执行 SQL 命令的 SqlCommand 对象
SqlCommand cmd= new SqlCommand();
//
cmd.Connection= con;
cmd.CommandText= "SELECT [Ccopyright] FROM [CompanyInfo] WHERE Cid= '1'";
                        //SQL 查询语句,从 companyinfo 表获取 ccopyright 的值
try
{
    con.Open();
    //因为只需要得到一个标量值,所以使用 ExecuteScalar 方法
    object value= cmd.ExecuteScalar();
```

```
if (value ==null)
{
    Label1.Text=" 没有版权信息!";
}
//得到数据库中网站简介的内容
string tb_copyright=value as string;
Label1.Text=tb_copyright;
```

8．ASP．NET 控制 Flash Banner 显示的内容

这里用到 XML,格式示例如下:

```
//xml1.0标准的数据,让 Flash 读取并显示图片内容,设置图片链接
<?xml version="1.0" encoding="utf-8"?>
<bcaster autoPlayTime="10">
    <item id="7" item_url= "uploadfile/20090310091359.jpg" link="#" />
    <item id="6" item_url="uploadfile/20090529102859.jpg" link="#" />
    <item id="5" item_url="uploadfile/20090310091436.jpg" link="#" />
</bcaster>
```

从数据库里面读取出相关 Flash 的设置信息,按照上面的格式以 XML 输出。

假定 Flash 展示器文件地址为 images/flash. swf,设置插入 HTML 里面的 Flash 文件地址,使用 images/flash. swf?bcastr_xml_url=includes/flash. aspx 即可。

10.2.6　测试与维护

1．测试和发布网站

在本地充分测试企业网站系统的功能准确无误后,挑选合适的服务器或是虚拟主机提供商,这里要注意的是带宽的速度和服务器稳定性的挑选,当然,要选用支持企业网站所用的设计语言的,例如本例采用的是 ASP. NET,就要选用支持 ASP. NET 的服务器,然后将网站发布到服务器上。

别忘了要注册好站点的域名,建议使用. com,如果是国内企业的话,还可以考虑使用. com. cn,域名要简短好记,这个可以参考本书相关章节。本例使用的是 flash9pc. com,寓意闪电般地救护计算机。

2．运行维护

网站的内容要及时更新,针对访客的提问或是提交订单,要安排人员及时处理。

若需要统计浏览量和收集访客 IP 信息,可以通过放置免费统计网站的代码来进行实时收集,著名的老牌免费统计网站有 51yes 统计、51la 统计、站长统计、谷歌分析、百度统计和阿里巴巴旗下的量子统计等。

举例来说,在 www. 51yes. com 注册了账号,获取了统计代码,然后在网站底部的网页里面,切换到源代码模式,在 HTML 代码里加上了统计代码:＜SCRIPT language＝javascript src＝" http://count14. 51yes. com/click. aspx? id＝140514401&logo＝1"＞＜/SCRIPT＞,如图 10-50所示。

```
<A class=STYLE14 href="http://www.imcent.com">硬迅科技</A> <SCRIPT language=javascript
src="http://count14.51yes.com/click.aspx?id=140514401&logo=1"></SCRIPT>
 <A class=STYLE14 href="http://www.miibeian.gov.cn">粤ICP备05053290号</A><A href="http://
www.miibeian.gov.cn"><FONT color=#333333><BR>
```

图　10-50

应用以上代码在统计时显示一个图标，所以在页面中要调整好它的位置，使其美观，如图 10-51 所示。

图　10-51

运行一段时间后，就可以查看统计结果，可分析的内容很多，包括搜索引擎关键字、访问者地域、停留时间、回访率等，根据这些统计结果，可以对网站设计或销售策略做改进等。具体内容请读者自行操作。

本章虽然花了一些篇幅介绍网站建设实例，但部分知识只是点到为止。希望这一部分的知识，能起到一个良好的引导作用，使读者有更进一步学习网页与网站规划设计的兴趣。

习题 10

10-1　MiniSite 类网站的制作要点有哪些？

10-2　制作企业网站要注意些什么？

10-3　如何利用 Photoshop 将图片转换成带超链接的网页？

10-4　ASP. NET 里的"母版页"有什么作用？

10-5　简述网站策划要经过的步骤。请以"××设计工作室"为题，制作一个宣传该工作室作品和业务的网站。

参 考 文 献

1. 魏善沛. 网页设计创意与编程. 北京：清华大学出版社，2006.

2. 甘云剑等. 网页设计三合一教程. 北京：清华大学出版社，2005.

3. 温国峰. 网页设计三剑客(CS3 中文版)标准教程. 北京：清华大学出版社，2008.

4. 魏善沛. 企业网站设计与集成. 长沙：中南大学出版社，2006.

5. 曹金明等. 网页设计与配色. 北京：红旗出版社，北京希望电子出版社，2005.

6. 权英周，朴星周. Photoshop 网页设计实战. 付霞译. 北京：电子工业出版社，(韩)电子工业出版社，2004.

7. 张新伟. 网页经典配色艺术. 北京：电子工业出版社，2009.

8. 张新伟. 精彩网页设计赏析. 北京：电子工业出版社，2009.

9. 旭日东升主编. 网页设计与配色经典案例解析. 北京：电子工业出版社，2009.

10. 蓝色理想. http://www.blueidea.com，2010.

11. 曾文华. 网络信息制作与发布. 北京：中央广播电视大学出版社，2010.

12. 谭建中. 电子商务网站建设与维护. 北京：高等教育出版社，2002.

13. 李翔. 电子商务概论. 北京：中国计划出版社，2001.

14. 方美琪. 电子商务概论. 北京：清华大学出版社，2002.

15. 谭浩强. 电子商务基础教程. 北京：清华大学出版社，2005.

16. 黄亮新. 互联网创业前奏曲：网站策划九步走. 北京：电子工业出版社，2008.

17. 刘运臣. 网站设计与建设. 北京：清华大学出版社，2008.

18. 陈永东. 网站管理与维护. 北京：人民邮电出版社，2007.

19. 刁成嘉，刁奕等. UML 系统建模与分析设计课程设计. 北京：机械工业出版社，2008

20. 孙良军. Dreamweaver 8 企业网站架设实战. 北京：中国青年出版社，2007.

21. 王建民. 网页设计. 长沙：湖南大学出版社，2006.

22. 本书编委会. 网站开发基础与提高. 北京：电子工业出版社，2007.

23. 盛晓莹. 运用 Photoshop 优化网页图片的技巧汇总. 网页教学网，2009.

24. 蓝色理想. Photoshop 打开编辑 GIF 动画的小技巧. http://www.jzxue.com/Html/photoshop/2008/3/619744C6.html，2008.

25. 店盟. Photoshop 简单教程：用 PS 制作 gif 动画图片. http://www.dianmeng.com/zixun/zhuangxiujiaocheng/23848.shtml，2008.7.

26. Photoshop 打造有 3D 质感的网页按钮. http://www.yqdown.com/tuxingchuli/Illustrator/5720.htm，2009.4.7.

27. 第九软件网. http://www.d9soft.com/article/95/Article4895_1.htm.

28. CND8 学院. ImageReady 优化 Web 图像. http://school.cnd8.com/photoshop/jiaocheng/23833.htm，2008.8.29.

29. 赵鹏. 上海交通大学网络信息中心. Photoshop 制作完美无缝拼接图案全攻略. http://vod.sjtu.edu.cn/help/Article_Show.asp?ArticleID=2120&ArticlePage=1.